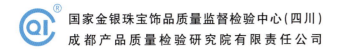 国家金银珠宝饰品质量监督检验中心（四川）
成都产品质量检验研究院有限责任公司

珠宝玉石无损检测光谱库及解析

ZHUBAO YUSHI WUSUN JIANCE GUANGPUKU JI JIEXI

罗彬　喻云峰　廖佳　等编著

中国地质大学出版社
ZHONGGUO DIZHI DAXUE CHUBANSHE

《珠宝玉石无损检测光谱库及解析》
编委会

主　编： 罗　彬　喻云峰　廖　佳

副主编： 徐振华　曲　蔚　陈大鹏　陈索翌　胡　瑶

编委会成员（按姓氏拼音排序）：

曹凌燕	陈国栋	陈红霞	陈雪梅	刁子翔
冯　茜	付　庆	高羽洁	郭淑君	胡　琪
黄立鹤	江　栋	蒋茂琳	李　佳	李永波
廖　俊	刘张磊	罗琴凤	梅　薇	瞿钰卓
任潇睿	沈春霞	石小平	宋红英	宋睿馨
宋　媛	苏彦月	王柏宇	王淑洁	王　维
王　伟	王　玥	夏三霞	夏玉梅	谢应东
徐　速	徐小玲	薛　斌	杨　晋	杨　淇
杨　燕	袁　强	曾　锐	张宏宇	张洪瑜
张　爽	张　喆	赵　昕	周　丹	

目 录

测试原理及仪器介绍 ········· 1
 傅立叶变换红外光谱仪 ········· 1
 X射线荧光光谱仪 ········· 4
 激光拉曼光谱仪 ········· 6
 紫外-可见分光光度计 ········· 8

天然宝石图谱分析 ········· 10
 钻石(Diamond) ········· 10
 红宝石(Ruby) ········· 15
 蓝宝石(Sapphire) ········· 21
 金绿宝石(Chrysoberyl) ········· 28
 尖晶石(Spinel) ········· 30
 金红石(Rutile) ········· 34
 锡石(Cassiterite) ········· 36
 硬水铝石(Diaspore) ········· 37
 赤铁矿(Hematite) ········· 39
 橄榄石(Peridot) ········· 40
 锆石(Zircon) ········· 43
 石榴石(Garnet) ········· 46
 绿帘石(Epidote) ········· 55
 托帕石(Topaz) ········· 57
 榍石(Sphene) ········· 60
 红柱石(Andalusite) ········· 62
 蓝晶石(Kyanite) ········· 65
 坦桑石(Tanzanite) ········· 67
 符山石(Idocrase/Vesuvianite) ········· 69
 硅铍石(Phenakite) ········· 70
 异极矿(Hemimorphite) ········· 72
 绿柱石(Beryl) ········· 74
 碧玺(Tourmaline) ········· 80
 堇青石(Iolite) ········· 82
 斧石(Axinite) ········· 84

 蓝柱石(Euclase) ········· 85
 柱晶石(Kornerupine) ········· 87
 葡萄石(Prehnite) ········· 89
 云母(Mica) ········· 90
 鱼眼石(Apophyllite) ········· 93
 滑石(Talc) ········· 95
 矽线石(Sillimanite) ········· 96
 锂辉石(Spodumene) ········· 98
 透辉石(Diopside) ········· 99
 顽火辉石(Enstatite) ········· 102
 绿辉石(Omphacite) ········· 104
 针钠钙石(Pectolite) ········· 106
 水晶(Rock Crystal) ········· 108
 月光石(Moonstone) ········· 114
 拉长石(Labradorite) ········· 116
 天河石(Amazonite) ········· 118
 日光石(Sunstone) ········· 120
 赛黄晶(Danburite) ········· 122
 方柱石(Scapolite) ········· 124
 方钠石(Sodalite) ········· 126
 蓝锥矿(Benitoite) ········· 128
 方解石(Calcite) ········· 131
 菱镁矿(Magnesite) ········· 132
 菱锰矿(Rhodochrosite) ········· 134
 菱锌矿(Smithsonite) ········· 136
 磷灰石(Apatite) ········· 138
 磷铝石(Variscite) ········· 140
 磷铝锂石(Amblygonite) ········· 141
 磷氯铅矿(Pyromorphite) ········· 143
 斜红磷铁矿(Phosphosiderite) ········· 145
 黄铁矿(Pyrite) ········· 146
 天青石(Celestite) ········· 148
 重晶石(Barite) ········· 150

石膏(Gypsum) ……………………… 152
硼铝镁石(Sinhalite) ……………… 153

天然玉石图谱分析 ……………… 155

翡翠(Jadeite) …………………… 155
钠长石玉(Albite Jade) …………… 159
独山玉(Dushan Jade) ……………… 161
和田玉(Nephrite) ………………… 163
大理石(Marble) …………………… 168
绿松石(Turquoise) ………………… 169
欧泊(Opal) ………………………… 175
蛇纹石(Serpentine) ……………… 179
萤石(Fluorite) …………………… 183
石英岩(Quartzite) ………………… 185
玉髓(玛瑙)(Chalcedony) ………… 188
红碧石(Red Jasper) ……………… 190
南红(Nanhong) …………………… 193
硅化木(Silicified Wood) ………… 195
木变石(Silicified Asbestos) …… 197
黑曜岩(Obsidian) ………………… 199
查罗石(Charoite) ………………… 203
青金石(Lapis Lazuli) …………… 204
孔雀石(Malachite) ………………… 207
蔷薇辉石(Rhodonite) …………… 208
红宝石-黝帘石(Ruby-Zoisite) … 210
苏纪石(Sugilite) ………………… 212
绿泥石(Chlorite) ………………… 216

天然有机宝石图谱分析 ………… 218

珍珠(Pearl) ……………………… 218

贝壳(Shell) ……………………… 225
珊瑚(Coral) ……………………… 227
琥珀(Amber) ……………………… 230
玳瑁(Tortoise Shell) …………… 238
煤精(Jet) ………………………… 240
象牙(Ivory) ……………………… 241
植物象牙(Corajo) ………………… 243

人工宝石图谱分析 ……………… 245

玻璃(Glass) ……………………… 245
合成立方氧化锆
　(Synthetic Cubic Zirconia) … 250
合成碳硅石(Synthetic Moissanite) … 252
人造硼铝酸锶
　(Strontium Aluminate Borate)
　………………………………… 253
人造钛酸锶(Strontium Titanate) … 255
人造钇铝榴石
　[Yttrium Aluminium Garnet(YAG)]
　………………………………… 257

红外反射光谱记忆缩略图列表 … 260

天然宝石 ………………………… 260
天然玉石 ………………………… 266
天然有机宝石 …………………… 268
人工宝石 ………………………… 269

专业名词解释 …………………… 270

参考文献 ………………………… 277

测试原理及仪器介绍

傅立叶变换红外光谱仪

一、基本原理

宝石在红外光（波数范围在 $400\sim4000cm^{-1}$ 的电磁波）的照射下，引起晶格（分子）、络阴离子团和配位基的振动能级发生跃迁，并吸收相应的红外光而产生的光谱称为红外光谱。红外光谱属于一种带状光谱。测量和记录红外吸收光谱的仪器称为红外光谱仪。目前在宝石测试与研究中，主要采用傅立叶变换红外光谱仪。它利用物质对红外光的选择性吸收，定性或定量分析宝石的组成或结构。

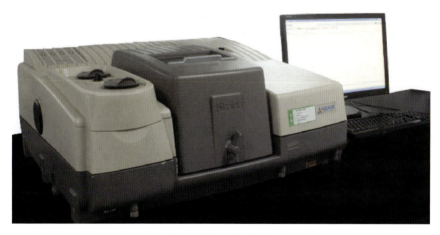

傅立叶变换红外光谱仪

红外光是波长约在 $0.78\sim1000\mu m$ 范围的电磁波，位于可见光和微波区之间，通常将整个红外光区分为以下三个部分。

（1）远红外光区：波长范围为 $25\sim1000\mu m$，波数范围为 $10\sim400cm^{-1}$。一般宝石分析不在此区范围内进行。

（2）中红外光区：波长范围为 $2.5\sim25\mu m$，波数范围为 $400\sim4000cm^{-1}$，分为基频振动区和指纹区两个区域。基频振动区，又称为官能团区或特征频率区，分布在 $1500\sim4000cm^{-1}$ 区域内，出现的基团特征频率较稳定，可利用该区红外吸收特征峰鉴别宝石中可能存在的官能团。指纹区分布在 $400\sim1500cm^{-1}$ 区域，可通过该区域的图谱来识别特定的分子结构。

（3）近红外光区：波长范围为 $0.78\sim2.5\mu m$，波数范围为 $4000\sim12\ 820cm^{-1}$。

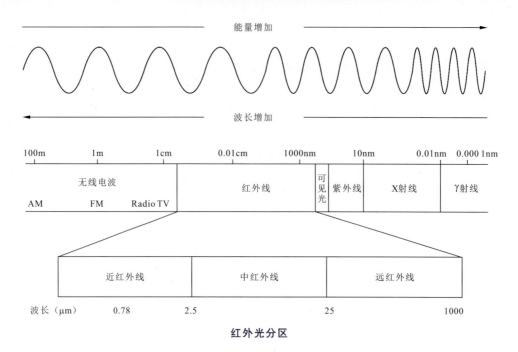

红外光分区

二、测试方法

在傅立叶变换红外光谱仪中,首先是把光源发出的光经过迈克尔逊干涉仪变成干涉光,再让干涉光照射样品。经检测器(探测器—放大器—滤波器)获得干涉图,由计算机将干涉图进行傅立叶变换得到光谱。

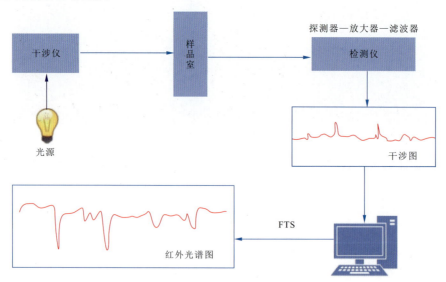

工作原理示意

根据样品状态,测试方法可分为透射法和反射法。

1. 透射法

包括粉末透射法、直接透射法两种。

粉末透射法为有损检测方法,适用于宝石矿物原料,需按要求从测试样品上刮下少量粉末,与溴化钾以 1∶100～1∶200 的比例混合,压制成一定直径或厚度的透明片,然后进行测定。

直接透射法是将宝石直接置于样品台上透光进行测试。直接透射法属于无损测试方法,但对一些不透明的宝玉石、底部包镶的宝玉石饰品进行鉴定时,能得到的信息非常有限。

透射法测试附件

2. 反射法

红外反射光谱(镜反射、漫反射)在宝石鉴定与研究中具有重要意义。常应用于半透明—不透明的玉石材料,如翡翠、软玉和绿松石等。

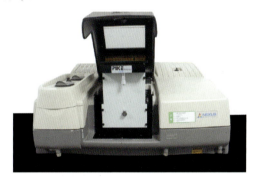

反射法测试附件

三、在宝石学中的应用

红外光谱是宝石分子结构的具体反映,通常,宝石内分子的各种基团或官能团具特定的红外吸收,依据特征的红外吸收谱带的数目、波数位、位移、谱形、谱带强度、谱带分裂状态等内容,有助于对宝石的红外吸收光谱进行定性表征,以期获得与宝石鉴定相关的重要信息。

红外光谱一般以波数(cm^{-1})作为横坐标,以透过率 $T(\%)$ 或吸收率 $A(\%)$ 作为纵坐标。

傅立叶变换红外光谱仪的主要用途包括以下几种。

1. 确定宝石品种

不同种属的宝石,其晶体结构、分子配位基结构及化学成分存在一定差异,依据各类宝石特征的红外吸收光谱有助于鉴别。如天然翡翠与仿制品的红外反射吸收光谱。

2. 确定宝石中水的类型

自然界中,含羟基和水分子的天然宝石居多,在官能团区 3000～3800cm^{-1} 处可见羟基和水分子振动引起的吸收谱带。如天然绿松石晶体结构中普遍存在结晶水和吸附水,而吉尔森仿绿松石中明显缺乏跟羟基和水分子有关的吸收谱带,同时显示高分子聚合物的吸收谱带。

3. 确定钻石类型

钻石主要由 C 原子组成,当其晶格中存在少量的 N、B、H 等杂质原子时,可使钻石的物理性质如颜色、热导性、导电性等发生明显的变化。基于红外吸收光谱表征,有助于确定杂质原子的成分及存在形式,并作为钻石分类的主要依据之一。

4. 鉴别充填处理宝石

环氧树脂多以填充物的形式,广泛应用在人工充填处理翡翠、绿松石、碧玺及祖母绿等宝玉石中。如天然翡翠在 2800~3200cm^{-1} 范围内无吸收峰。充填处理翡翠的特征峰为 2873cm^{-1}、2930cm^{-1}、2965cm^{-1}、3037cm^{-1}、3056cm^{-1}、3096cm^{-1},其中 3037cm^{-1}、3056cm^{-1}、3096cm^{-1} 是苯环 ν(C—H)伸缩振动引起的特征峰。含少量蜡的翡翠在红外光谱具有 2851cm^{-1}、2924cm^{-1}、2957cm^{-1} 的吸收峰,但石蜡中不含苯环,因此,利用红外光谱检测时是否出现 3037cm^{-1}、3056cm^{-1}、3096cm^{-1} 等处的吸收峰,可作为检测翡翠"A 货""B 货"的可靠证据。

X 射线荧光光谱仪

一、基本原理

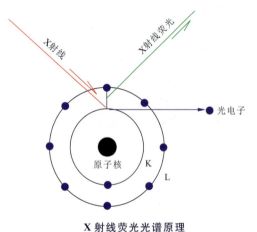

X 射线荧光光谱原理

X 射线是一种波长为 0.001~10nm 的电磁波,其波长介于紫外线和 γ 射线之间。各种不同的元素都有自身特征的 X 射线荧光光谱波长,其能量大小与入射辐射的能量大小无关,而与发生电子跃迁两个能级的能量差有关,所以 X 射线荧光光谱的能量与元素有一一对应的关系。因此,只要测出荧光 X 射线的波长和强度,就可知道元素的种类和相对应的含量,这是荧光 X 射线定性和定量分析的基础和依据。

X 射线荧光光谱仪原理是:利用 X 射线照射样品,使原本处于基态的原子内电子发生电离,形成一个电子空位,远离原子核的电子此时将向离原子核近的轨道跃迁,并释放能量。如果该能量没有在原子内部被吸收,而是以辐射形式释放出来,则产生了 X 射线荧光光谱,再通过检测器来测量 X 射线荧光光谱的能量及数量信息,并将这些信息传递至仪器软件分析,从而对元素做出定性及定量的分析。

二、仪器结构

能量色散型 X 射线荧光光谱仪(EDXRF)在宝石学中应用最广泛,利用荧光 X 射线具有不同能量的特点,依靠半导体探测器将其分开并检测,可同时测定样品中几乎所有的元素。

能量色散型 X 射线荧光光谱仪（EDXRF）

能量色散型 X 射线荧光光谱仪由发生器、检测器、放大器、多道脉冲分析器、计算机组成。基本原理及结构如下图所示。

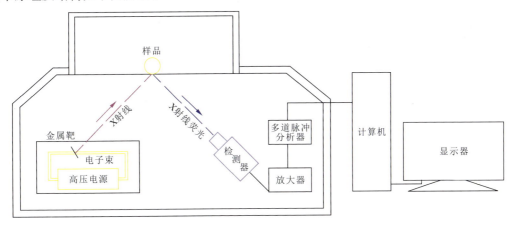

能量色散型 X 射线荧光光谱仪（EDXRF）结构

三、在宝石学中的应用

X 射线荧光光谱仪的优点主要是快速、无损、多元素同时测定，这些优点满足了珠宝玉石首饰鉴定的要求，因此 X 射线荧光光谱仪已经成为实验室里不可或缺的大型仪器之一。X 射线荧光光谱仪在珠宝玉石鉴定领域的应用包括以下几方面。

1. 贵金属饰品成色检测

贵金属饰品成色的检测也是利用 X 射线荧光光谱仪的定性、定量分析。在测试前，仪器需要用标准样品进行校正。

2. 宝石种属及亚种的鉴定

在实验室中，常规仪器不容易辨别的宝石品种，如橄榄石和硼铝镁石，折射率相近，吸收光谱不易观察，如果使用 X 射线荧光光谱仪，则可以轻松将其区分开来。橄榄石含 Fe，且作为矿物基本化学组分的元素，因此在 X 射线荧光光谱中出现明显 Fe 的 K_α、K_β 峰；硼铝镁石则没有。

3. 天然宝石与合成宝石的鉴定

人工宝石的鉴定，主要是通过检测合成宝石在生长时混入的杂质元素来与天然宝石相区别，例如焰熔法合成黄色蓝宝石中含有 Ni，而天然黄色蓝宝石中则缺乏。对于合成立方氧化锆、人造钇铝榴石、人造钆镓榴石、钛酸锶等，通过常规仪器测试后，再利用 X 射线荧光光谱仪确定样品中所含元素,就可以大致判断样品种属。

4. 某些优化处理宝石的鉴定

鉴别人工处理的宝石,例如铅玻璃充填处理的红宝石,通过 X 射线荧光光谱仪测试,显示 Pb 的特征峰;而天然红宝石并不存在杂质元素 Pb,再结合放大检查,就可以确定样品是否经过了铅玻璃充填处理。除此之外,还可以鉴别铬盐染色的翡翠、某些染色处理的黑珍珠等。

激光拉曼光谱仪

一、基本原理

激光拉曼光谱是激光光子与宝石分子发生非弹性碰撞后,改变了原有入射光频率的一种分子联合散射光谱,通常将这种非弹性碰撞的散射光光谱称为拉曼光谱。拉曼散射效应是由印度科学家 Raman C V 于 1928 年发现的,并以其名字命名。不同物质的分子或不同矿物结构具有不同的拉曼光谱特征,通过分析宝石拉曼光谱的特征峰位、峰强而达到鉴别宝石的目的。

激光拉曼光谱的原理

二、仪器结构

激光拉曼光谱仪

激光拉曼光谱仪主要部件包括光源、样品台、显微镜、衍射光栅、光学滤光片、CCD检测器、计算机。

- 光源：一般为激光，常用激光器为514nm、532nm、785nm、1064nm等。
- 显微镜：观察样品，选取测试点，调整焦距，激光经过显微镜通路照射到样品上，并采集散射光的装置。
- 光学滤光片：一种能选择性地阻挡激光线（瑞利散射），同时允许拉曼散射光通过到达光谱仪和探测器的光学元件。
- 衍射光栅：能将拉曼散射光分成很多不同波长的光的器件，光栅刻线密度越高，相应的光谱分辨率也越高。
- CCD检测器：一种硅基多通道阵列检测器，可以探测紫外光、可见光和近红外光，适合分析拉曼信号。
- 计算机：控制仪器和马达，并分析和储存数据。

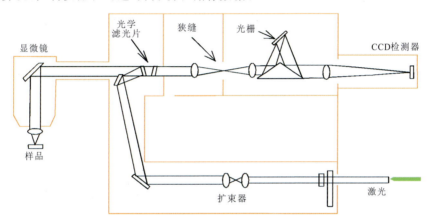

激光拉曼光谱仪结构

三、在宝石学中的应用

1. 宝石品种鉴定

拉曼散射光谱属于非破坏性、非接触性检测手段，具有快速、分辨率高和灵敏度高的特征。可直接利用拉曼光谱对宝石进行无损测试，比对标准图谱，确定宝石种属。

2. 人工处理宝石的鉴定

拉曼光谱分析测试技术有助于正确地鉴别人工充填处理宝石。如硬玉的拉曼光谱具有四个特征谱带（$375.5cm^{-1}$、$699.9cm^{-1}$、$1039.9cm^{-1}$、$1992cm^{-1}$），而漂白充填翡翠一般充填物为环氧树脂，所以"B货"翡翠中$1100cm^{-1}$以上有六条强拉曼谱带（$1114cm^{-1}$、$1183cm^{-1}$、$1606cm^{-1}$、$2869cm^{-1}$、$2905cm^{-1}$、$3070cm^{-1}$）。

3. 宝石包裹体研究

拉曼光谱具有分辨率高和灵敏度高且快速无损等优点，特别适于宝石近表面及内部$1\mu m$大小的单个流体包裹体及各类固相矿物包裹体的鉴定与研究，若在两个物相交界处，则同时产生两个物相的拉曼散射光谱。

4. 区别天然宝石和合成宝石

激光拉曼光谱仪还可用于检测宝石光致发光光谱(PL),提供一些有用的与宝石特性相关的补充信息,例如结点、结构空位和原子取代等。随着钻石处理技术日新月异,越来越多的实验室利用光致发光光谱来区分天然钻石和合成钻石。如CVD合成钻石在700~1000nm范围内会出现较强的737nm发光峰。

紫外-可见分光光度计

一、基本原理

紫外-可见吸收光谱是在电磁辐射作用下,由宝石中原子、离子、分子的价电子和分子轨道上的电子在电子能级间的跃迁而产生的一种分子吸收光谱。具不同晶体结构的各种彩色宝石,其内所含的致色杂质离子对不同波长的入射光具有不同程度的选择性吸收,根据样品吸收光的波长范围及吸收程度,对样品中组成成分进行定性或定量分析。

按吸收光的波长区域不同,分为紫外分光光度法和可见分光光度法,合称为紫外-可见分光光度法。下图为紫外-可见分光光度计,是基于宝石对220~1000nm区域内光辐射的吸收而建立起来的分析方法。

紫外-可见分光光度计

宝石测试中常见以下三种紫外-可见吸收光谱类型。

1. d电子跃迁吸收光谱

过渡金属离子d电子在不同d轨道能级间的跃迁,吸收紫外光和可见光能量而形成紫外-可见吸收光谱,如红宝石、祖母绿的紫外-可见吸收光谱。

2. f电子跃迁吸收光谱

镧系元素离子4f轨道上的f电子所产生的f-f跃迁吸收光谱具有特征的吸收锐谱峰,这些锐谱峰的特征与线状光谱颇为相似,如蓝绿色磷灰石、人造钇铝榴石、稀土红玻璃等。

3. 电荷转移(迁移)吸收光谱

在光能激发下,宝石中的电荷发生重新分布,使电荷从宝石中的一部分转移至另一部分而产生的吸收光谱称为电荷转移光谱。吸收谱带多发生在紫外光区或可见光区,如山东蓝宝石。

二、仪器结构及测试方法

紫外-可见分光光度计类型很多,宝石测试中常用的为双光束分光光度计。光由分光器分光后经反射镜分解为强度相等的两束光,一束通过参比池,一束通过样品池。光度计能自动比较两束光的强度,此比值即为试样的透射比,经对数变换后转换成吸光度,并作为波长的函数记下来。双光束分光光度计一般都能自动记录吸收光谱曲线。由于两束光同时分别通过参比池和样品池,还能自动消除光源变化所引起的误差。

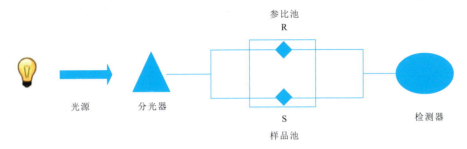

双光束分光光度计结构

用于宝石的测试方法可分为两类,即直接透射法和反射法。

1. 直接透射法

将宝石样品的光面或戒面直接置于样品台上,获取宝石的紫外-可见吸收光谱。直接透射法属于无损测试方法,但从中获得有关宝石的相关信息十分有限,特别在遇到不透明宝石或底部包镶的宝石饰品时,则难以测得其吸收光谱。

2. 反射法

利用紫外-可见分光光度计和反射附件(如镜反射和积分球装置),有助于解决直接透射法在测试中所遇到的问题,由此拓展紫外-可见吸收光谱的应用范围。

三、在宝石学中的应用

1. 检测人工优化处理宝石

天然红珊瑚在315nm处具有明显的吸收峰,而染色红珊瑚则缺失该特征峰。

2. 区分某些天然宝石与合成宝石

例如,水热法合成红色绿柱石显示特征的Co、Fe元素致可见吸收光谱;反之,天然红色绿柱石仅显示Fe及Mn元素致可见吸收光谱。

3. 探讨宝石呈色机理

如天然红宝石吸收光谱中,出现的410nm和540nm处的吸收带和690nm处出现的锐谱峰,是典型Cr^{3+}的d-d跃迁,是红宝石致红色的主要原因。另外,在500～600nm之间有吸收带,被认为是由Ti^{3+}的d电子吸收光能而产生的跃迁所致。

天然宝石图谱分析

钻石（Diamond）

C

一、红外反射光谱

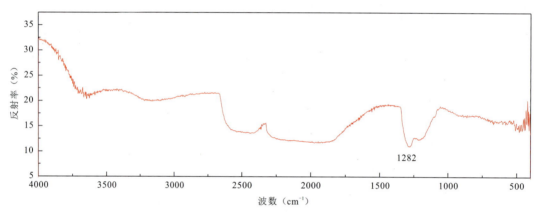

IaA 型钻石

1282cm^{-1}处为双原子氮红外峰，未见明显集合体氮及硼的红外峰，可判断钻石为 IaA 型。

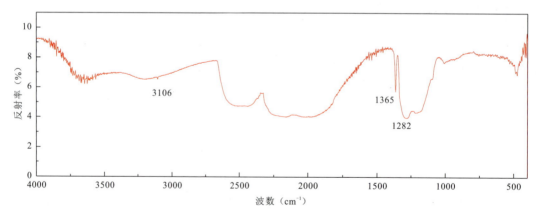

IaAB 型钻石

1282cm^{-1}处为双原子氮红外峰，1365cm^{-1}处为集合体氮（片晶氮）红外峰。未见明显硼的红外峰，可判断钻石为 IaAB 型。3106cm^{-1}处由氢缺陷（C_2H_2）造成，但并不影响钻石的类型判断。

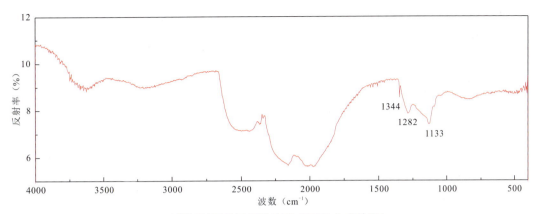

Ib 型钻石(可见于天然钻石、HPHT 合成钻石)

1133cm^{-1}、1344cm^{-1}处为孤氮的红外峰,1282cm^{-1}处为双原子氮红外峰,且 1133cm^{-1}处明显强于 1282cm^{-1}处,未见明显硼的红外峰,可判断钻石为 Ib 型。

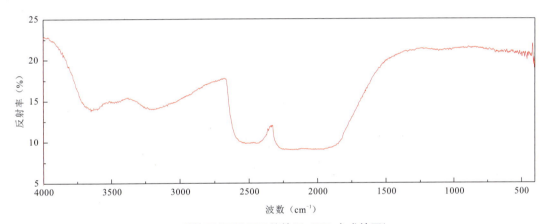

IIa 型钻石(可见于天然钻石、CVD 合成钻石)

1100~1400cm^{-1}范围内无明显氮的红外峰,且未见明显硼的红外峰,可判断钻石为 IIa 型。

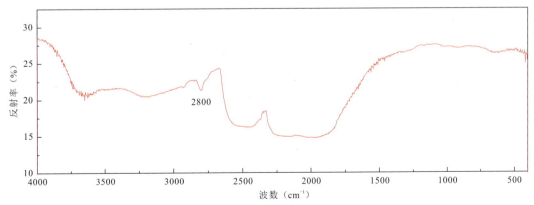

IIb 型钻石(可见于天然钻石、掺硼 HPHT 合成钻石、掺硼 CVD 合成钻石)

1100~1400cm^{-1}范围内无明显氮的红外峰,2800cm^{-1}附近显示硼的红外峰,可判断钻石为 IIb 型。

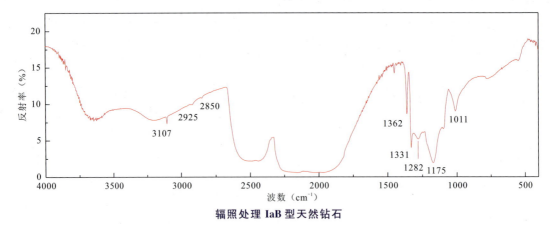

辐照处理 IaB 型天然钻石

1011cm^{-1}处锐峰与位错环[N_s(111)]有关，1331cm^{-1}、1362cm^{-1}处锐峰与孤氮有关。2925cm^{-1}、3107cm^{-1}处的锐峰由氢缺陷（C_2H_2）造成，是C—H弯曲振动产生的吸收。褐色的CVD金刚石经过高温高压处理可引入3107cm^{-1}，可判断钻石为IaB型。结合其他仪器的测试结果，该样品确定为辐照处理天然钻石。

根据钻石中氮、硼的含量及存在形式，可将钻石分成I型和II型两大类，这两类钻石在红外光谱上的特征具有明显的区别（如下表）。

类型 依据	I型				II型	
	Ia			Ib	IIa	IIb
	IaA	IaB(B_1)	IaB(B_2)			
杂质原子存在形式	双原子氮	集合体氮	片晶氮	孤氮	基本不含氮原子	少量分散的硼替代碳的位置
红外特征峰(cm^{-1})	1282	1175	1365、1370	1130	1100~1400 范围无特征峰	2800

二、紫外-可见光谱

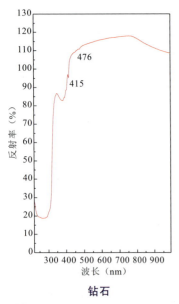

钻石

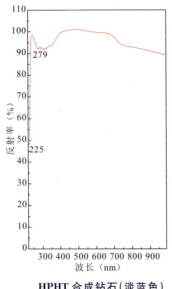

HPHT合成钻石（淡蓝色）

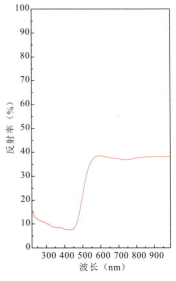

HPHT合成钻石（黄色）

415nm 锐峰由 N_3（3N+V）色心所致，476nm 与 N_2 相关，可作为天然金刚石的特征（在液氮测试条件下，"Cape"系列钻石还可见 465nm、452nm、435nm、423nm 等与 N_2 伴随的吸收带）。

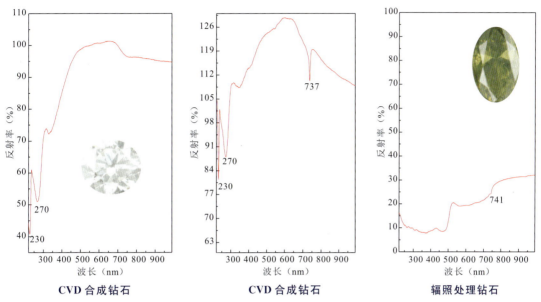

CVD 合成钻石　　　　　CVD 合成钻石　　　　　辐照处理钻石

230nm、270nm 吸收带与钻石中的孤氮相关，其中 270nm 可作为高温高压处理的辅助证据。CVD 合成钻石的紫外-可见光谱中，230nm、270nm 吸收宽带往往同时出现，且可伴随 737nm（736.6nm、736.9nm）附近由（Si-V）$^-$导致的吸收带。

741nm 附近吸收带由 GR1（V^0）色心产生，可由天然或人工辐照产生。882nm、884nm 附近吸收峰与 Ni 相关，多出现在合成金刚石中。

三、拉曼光谱

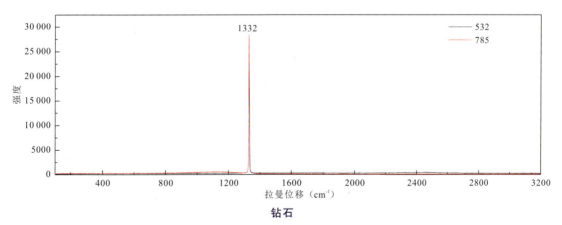

钻石

常温常压条件下，各种类型的钻石（天然及合成）的拉曼光谱中均可见 1332cm^{-1} 拉曼锐峰，为钻石的本征峰。

四、光致发光光谱

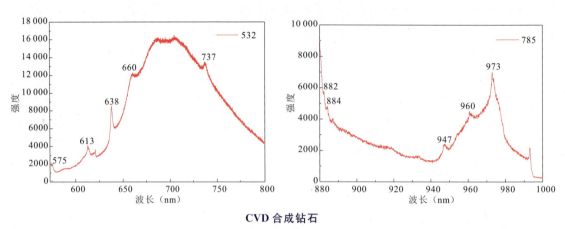

CVD 合成钻石

钻石的光致发光光谱中，575nm 锐峰由缺陷 $(N-V)^0$ 产生，638nm 锐峰由缺陷 $(N-V)^-$ 产生，882nm、884nm 附近发光峰与 Ni 相关，737nm 附近发光峰（原为 736.6nm、736.9nm 发光峰）由 $(Si-V)^-$ 所导致。

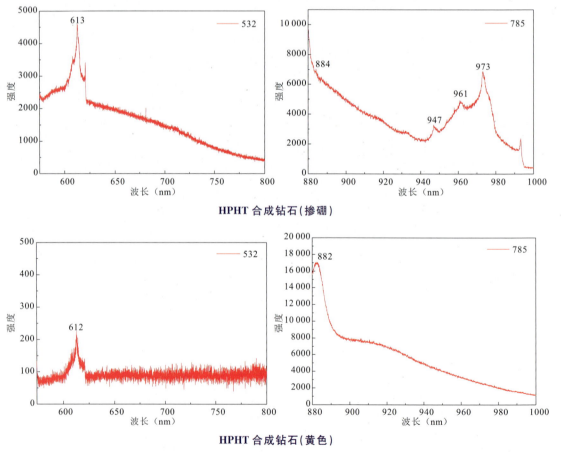

HPHT 合成钻石（掺硼）

HPHT 合成钻石（黄色）

882nm、884nm 附近发光峰与 Ni 相关，常出现于合成钻石中。

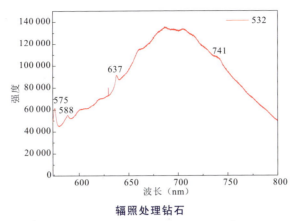
辐照处理钻石

741nm附近发光峰由GR1(V^0)色心产生,常出现于天然或人工辐照钻石中。

理论上,色心导致的荧光辐射光谱与相应的声子吸收光谱以零声子线波长为中心呈镜像,所以钻石的紫外-可见光谱中的吸收峰应与光致发光中的发光峰相互对应,但在室温条件下,零声子线会减弱或变宽,紫外-可见光谱与光致发光光谱中的峰存在明显的差异。

红宝石(Ruby)

Al_2O_3

一、红外光谱

1. 反射光谱

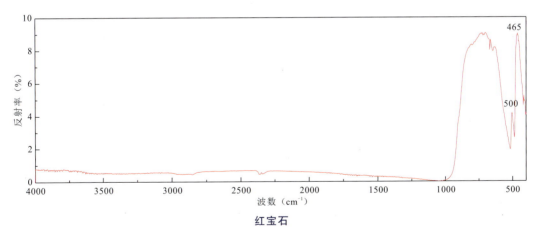
红宝石

红外反射光谱中,红宝石显示刚玉典型的红外峰,主要表现为500～1000cm^{-1}区域内强且宽的红外峰和500cm^{-1}、465cm^{-1}附近红外峰。

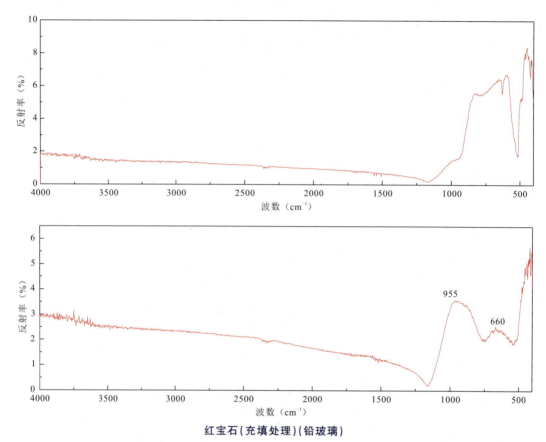

红宝石(充填处理)(铅玻璃)

放大观察可见样品的充填痕迹明显,测试红外光谱时边调整样品的方位,可得到两组光谱图:一组(上图)与刚玉的红外反射光谱基本吻合,一组(下图)与玻璃的红外反射光谱吻合。

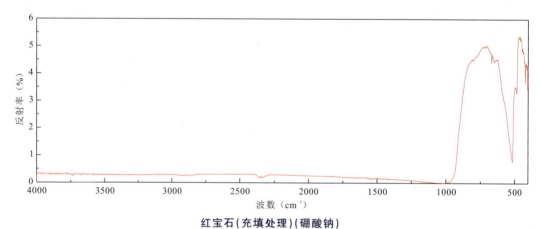

红宝石(充填处理)(硼酸钠)

红宝石(充填处理)(硼酸钠)与刚玉的红外反射光谱基本一致。

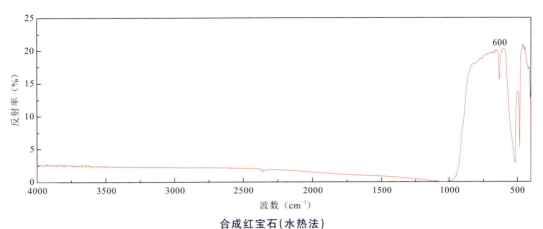

合成红宝石(水热法)

合成红宝石(水热法)与刚玉的红外反射光谱基本一致,600cm^{-1}处红外峰相对较明显。

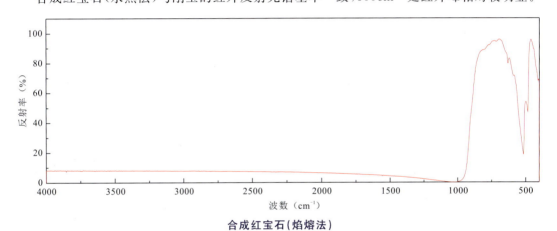

合成红宝石(焰熔法)

合成红宝石(焰熔法)与刚玉的红外反射光谱基本一致。

2. 透射光谱

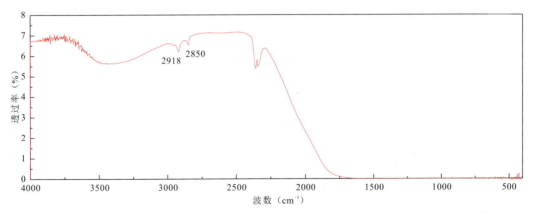

红宝石(充填处理)(铅玻璃)

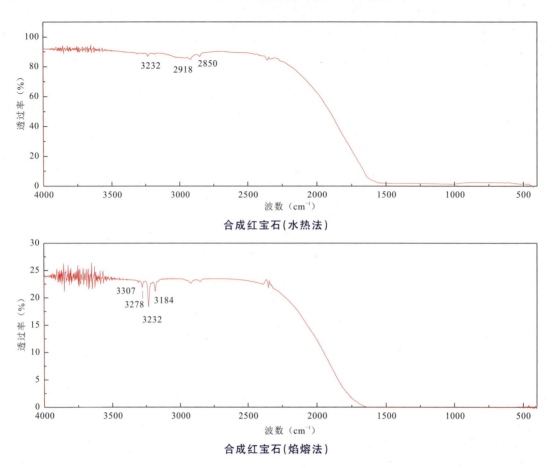

合成红宝石(水热法)

合成红宝石(焰熔法)

焰熔法合成红宝石样品在 3000～3500 cm^{-1} 区域内显示明显的 4 个红外吸收峰。

二、紫外-可见光谱

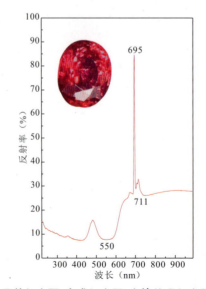

天然红宝石、合成红宝石、充填处理红宝石

天然红宝石、合成红宝石、充填处理红宝石的紫外-可见光谱基本一致,可见 Cr^{3+} 导致的位于558nm 和409nm 附近的吸收带,分别为 Cr^{3+} 发生 $4A_2 \rightarrow 4T_1$ 和 $4A_2 \rightarrow 4T_2$ 的 d-d 跃迁。695nm 处为红宝石样品荧光峰,由于使用 GEM3000 测试时,样品紧靠积分球上方窗口,被光源激发出的红色荧光进入积分球,在图谱上反映出强且尖锐的荧光峰。

据文献报道,红宝石的紫外-可见光谱中可出现387nm、450nm 附近吸收峰,是由 Fe^{3+} 的 d-d 电子跃迁所致,但由于 Fe^{3+} 的吸收带和 Pb^{2+} 导致的377nm 吸收弱谱带相互包络,故应结合 X 射线荧光光谱中的 Fe 特征峰做出判断。

三、拉曼光谱

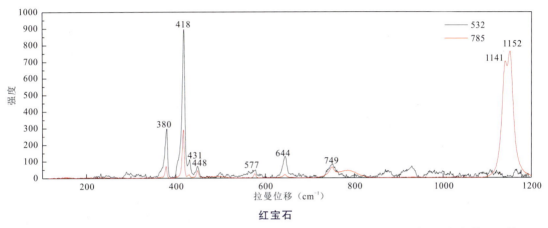

红宝石

红宝石的拉曼光谱中,380cm^{-1}、418cm^{-1}、431cm^{-1}、448cm^{-1} 附近拉曼峰与 $[AlO_6]$ 基团的弯曲振动有关,其中418cm^{-1} 由对称弯曲振动引起,并显示最强的光谱特征。577cm^{-1}、644cm^{-1}、749cm^{-1} 与 $[AlO_6]$ 基团的伸缩振动有关。

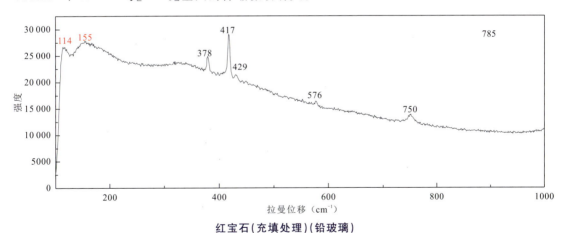

红宝石(充填处理)(铅玻璃)

上图中黑色标注的拉曼峰为红宝石的特征峰,红色标注的114cm^{-1}、155cm^{-1} 峰未知。

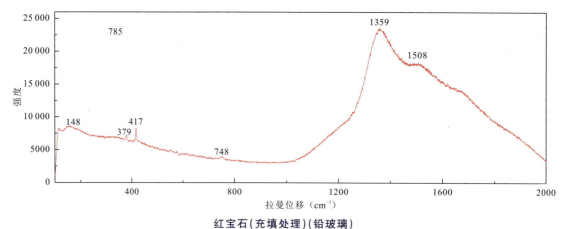

红宝石(充填处理)(铅玻璃)

由于红宝石的荧光颜色为红色,上图中左侧谱线被荧光背景抬高上扬。1359 cm^{-1}处(1508 cm^{-1}附近出现"拐角")的拉曼峰由红宝石中的铅玻璃所引起。

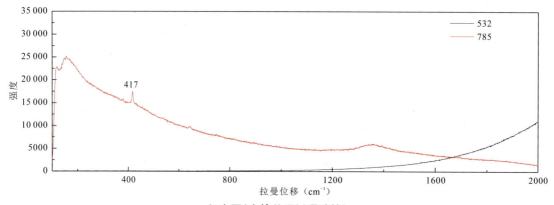

红宝石(充填处理)(硼酸钠)

硼酸钠充填的红宝石样品的荧光背景较强,仅显示红宝石最强的拉曼峰417 cm^{-1}。根据文献资料,硼质钠铝玻璃可显示由 Al—O 伸缩振动所致 639 cm^{-1} 拉曼峰,由 Si—O—Si 弯曲振动所致 872 cm^{-1}、990 cm^{-1} 拉曼峰,由 Si—O 反对称伸缩振动所致 1015 cm^{-1}、1089 cm^{-1}、1133 cm^{-1} 拉曼峰。

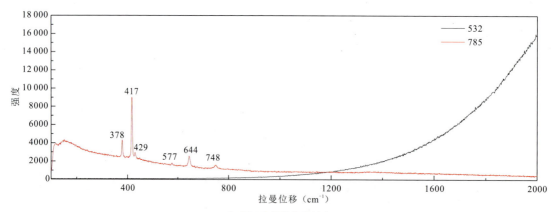

合成红宝石(水热法)

水热法合成红宝石样品的拉曼峰与天然红宝石基本一致。

四、X 射线荧光光谱

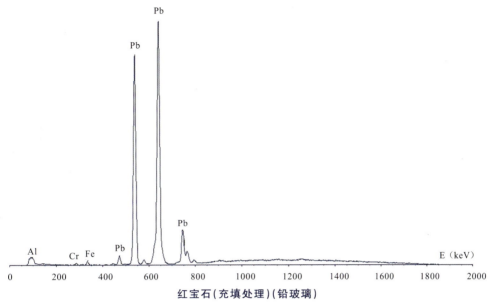

红宝石(充填处理)(铅玻璃)

X 射线荧光光谱中可见明显的 Pb 峰,指示了铅玻璃的存在。

蓝宝石(Sapphire)

$$Al_2O_3$$

一、红外光谱

1. 反射光谱

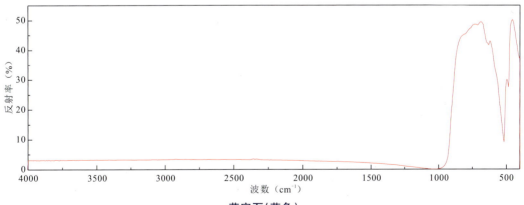

蓝宝石(蓝色)

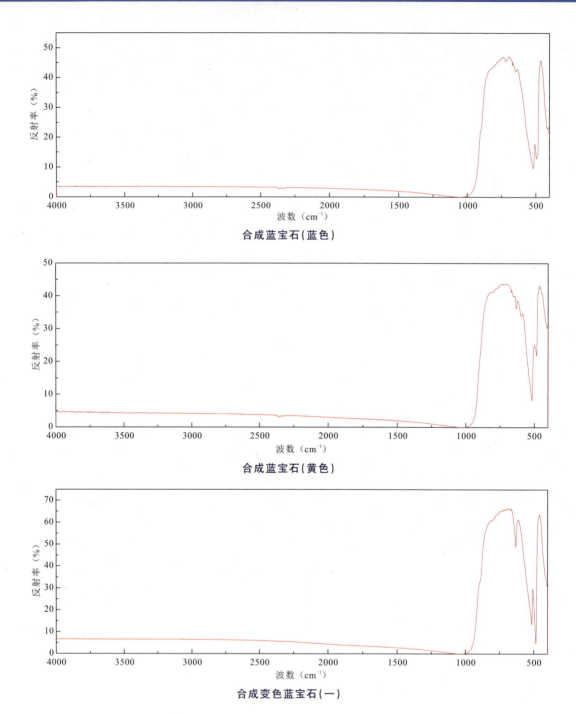

合成蓝宝石(蓝色)

合成蓝宝石(黄色)

合成变色蓝宝石(一)

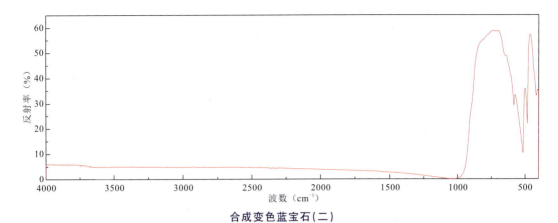

合成变色蓝宝石(二)

天然蓝宝石与合成蓝宝石呈现接近的红外反射光谱特征,Al—O 振动的吸收峰集中于 1000cm^{-1} 以下的区域。根据文献,天然浅色蓝宝石可见 649cm^{-1} 附近吸收峰,提拉法合成无色蓝宝石样品缺失此峰并出现 640cm^{-1} 附近吸收峰,可作为辅助鉴定依据。

2. 透射光谱

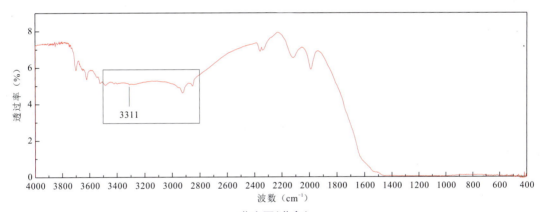

蓝宝石(蓝色)

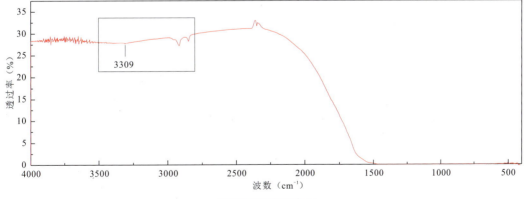

蓝宝石(深蓝绿色)

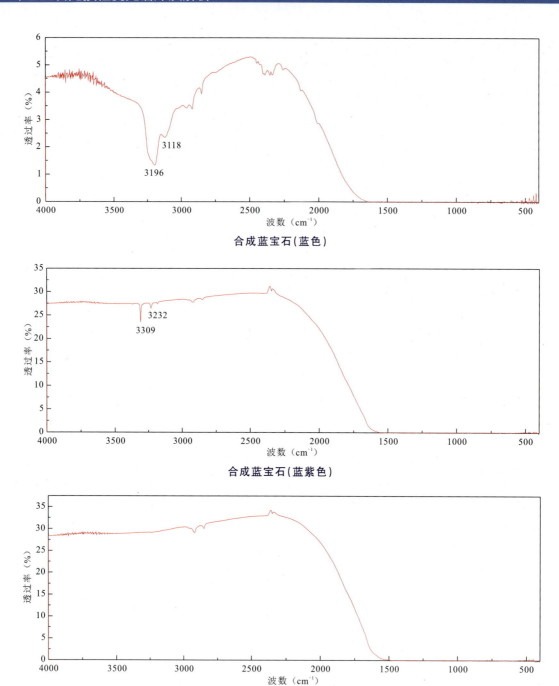

合成蓝宝石(蓝色)

合成蓝宝石(蓝紫色)

合成蓝宝石(黄色)

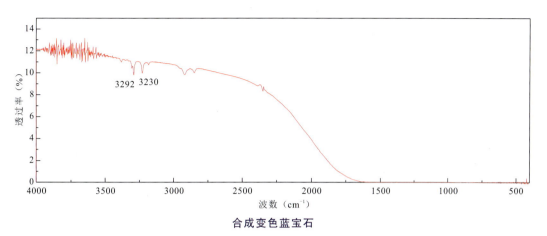

合成变色蓝宝石

二、紫外-可见光谱

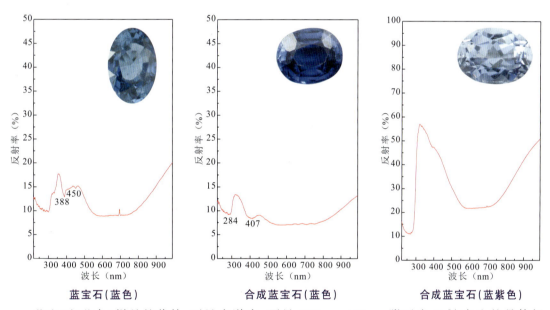

蓝宝石(蓝色)　　　　　　合成蓝宝石(蓝色)　　　　　　合成蓝宝石(蓝紫色)

　　蓝宝石(蓝色)样品的紫外-可见光谱中,可见388nm、450nm附近由Fe^{3+}产生的晶体场谱,而合成蓝宝石样品(蓝色、蓝紫色)缺失388nm、450nm附近吸收线。

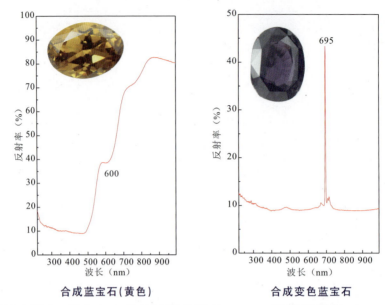

合成蓝宝石(黄色)　　　　　合成变色蓝宝石

紫外-可见光谱中，黄色合成蓝宝石样品可见600nm附近弱吸收，500nm以下基本全吸收。合成变色蓝宝石的紫外-可见光谱中可见明显Cr谱，指示了合成过程中掺入了Cr元素。

三、拉曼光谱

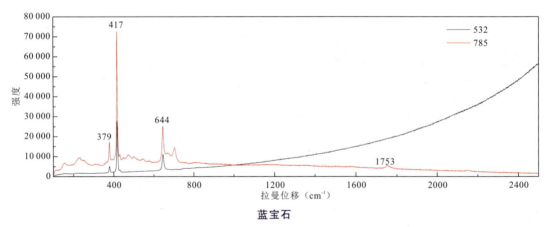

蓝宝石

蓝宝石的拉曼光谱中，379cm^{-1}、417cm^{-1}附近拉曼峰与[AlO_6]基团的弯曲振动有关，其中417cm^{-1}为对称弯曲振动引起，并显示最强的光谱特征。644cm^{-1}附近拉曼峰与[AlO_6]基团的伸缩振动有关。

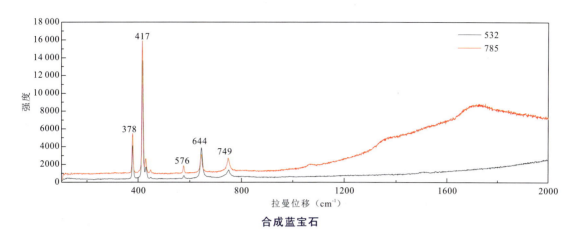

合成蓝宝石

合成蓝宝石拉曼光谱中主要的拉曼峰与天然蓝宝石基本一致。

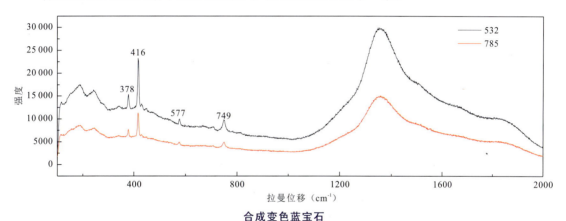

合成变色蓝宝石

合成变色蓝宝石样品可见 $378cm^{-1}$、$416cm^{-1}$、$577cm^{-1}$、$749cm^{-1}$ 等蓝宝石常见的拉曼峰，$1356cm^{-1}$ 附近拉曼峰的归属未知。

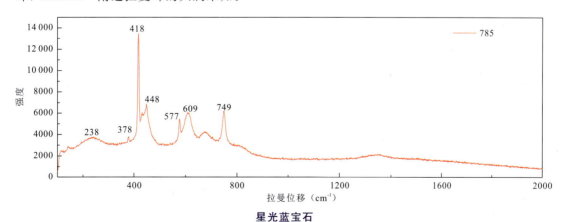

星光蓝宝石

星光蓝宝石中金红石包裹体显示 $238cm^{-1}$、$448cm^{-1}$、$609cm^{-1}$ 附近拉曼峰，其中 $238cm^{-1}$ 是由 O—Ti—O 摇摆振动引起，$448cm^{-1}$ 属于 O—Ti—O 扭曲振动，$609cm^{-1}$ 归属于 O—Ti—O 轴向反对称伸缩和赤道向弯曲振动。

金绿宝石（Chrysoberyl）

$$BeAl_2O_4$$

一、红外光谱

1. 反射光谱

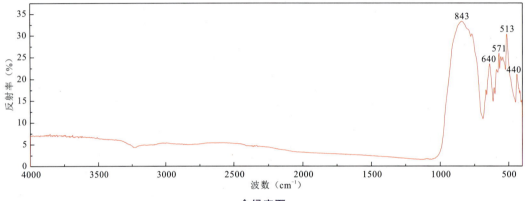

金绿宝石

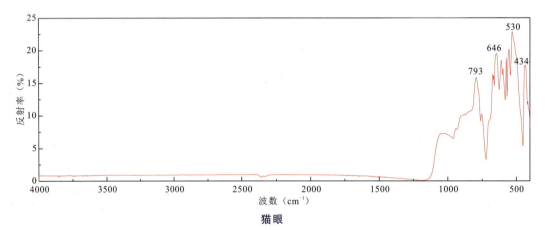

猫眼

金绿宝石的红外反射光谱中，具有典型的 843cm^{-1}、640cm^{-1}、440cm^{-1} 红外峰。猫眼具有 793cm^{-1}、646cm^{-1}、434cm^{-1} 典型红外峰。

2. 透射光谱

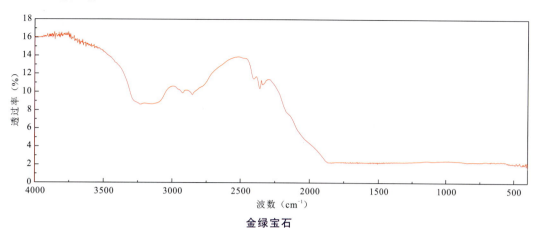

金绿宝石

红外透射光谱中,金绿宝石样品可见 3000~3400cm^{-1} 区域内吸收。

二、紫外-可见光谱

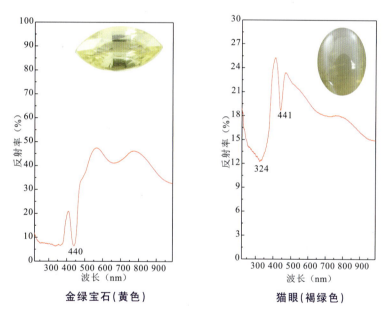

金绿宝石(黄色)　　　　　　猫眼(褐绿色)

紫外-可见吸收光谱中,金绿宝石主要显示由 Fe^{3+} 的 $^6A_{1g} \rightarrow {}^4A_{1g}$ 引起的吸收峰,位于 437~441nm。部分样品可见 Cr^{3+} 引起的 565~590nm 间的弱吸收带。

三、拉曼光谱

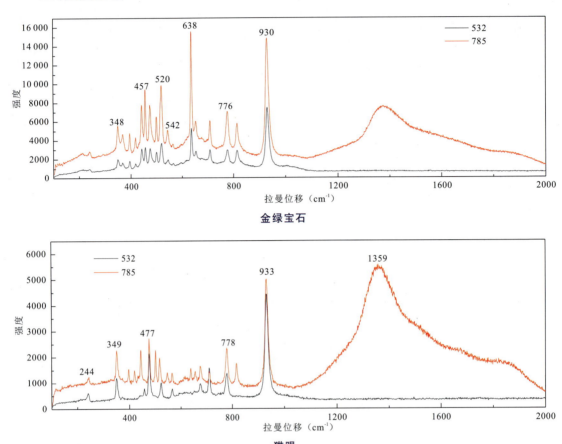

金绿宝石

猫眼

金绿宝石和猫眼的拉曼光谱中，690～1100 cm^{-1} 属于 Be—O 伸缩振动，542 cm^{-1} 吸收带属 Al—O 旋转振动。

尖晶石（Spinel）

$MgAl_2O_4$

一、红外光谱

1. 反射光谱

红外反射光谱中，尖晶石样品可见 729 cm^{-1}、590 cm^{-1}、538 cm^{-1} 附近典型红外峰，而蓝色的合成尖晶石样品可见 838 cm^{-1}、715 cm^{-1}、545 cm^{-1} 附近红外峰，与天然形成的尖晶石存在较大差异。但据文献报道，通过红外反射光谱无法将天然尖晶石与助溶剂法合成尖晶石进行区分。

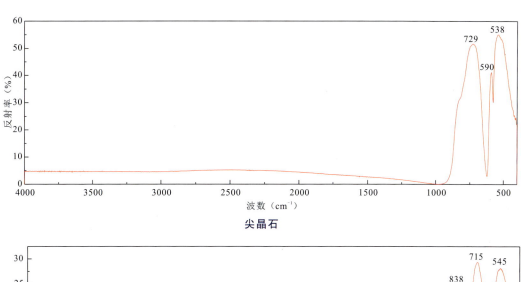

尖晶石

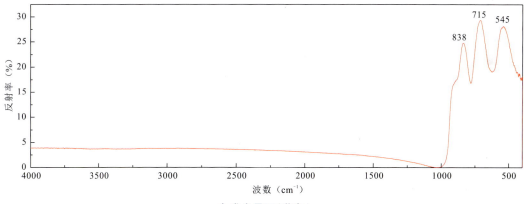

合成尖晶石（蓝色）

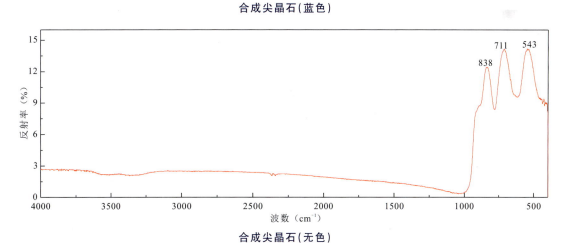

合成尖晶石（无色）

2. 透射光谱

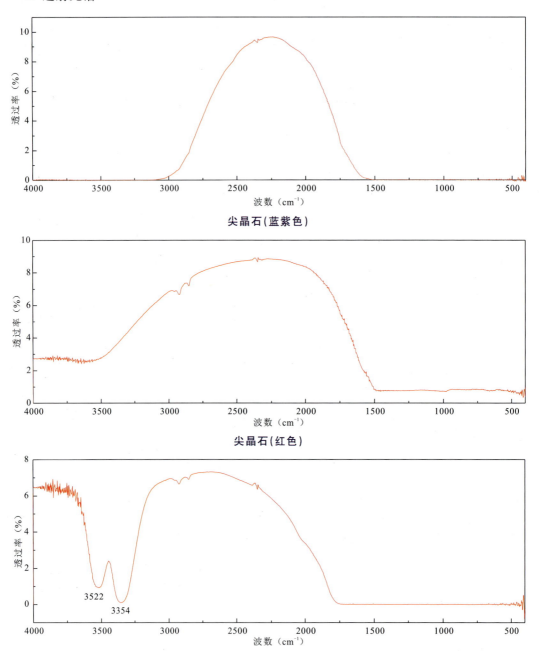

尖晶石(蓝紫色)

尖晶石(红色)

合成尖晶石(蓝色)

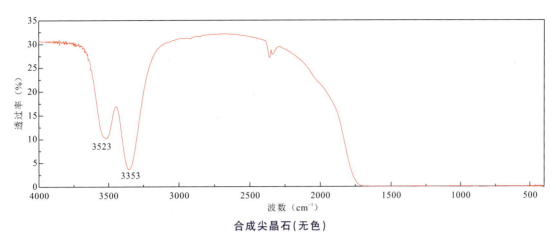

合成尖晶石(无色)

蓝色、无色的合成尖晶石样品的红外透射光谱与天然尖晶石存在明显差异,可见 $3354cm^{-1}$、$3522cm^{-1}$ 附近明显吸收。

二、紫外-可见光谱

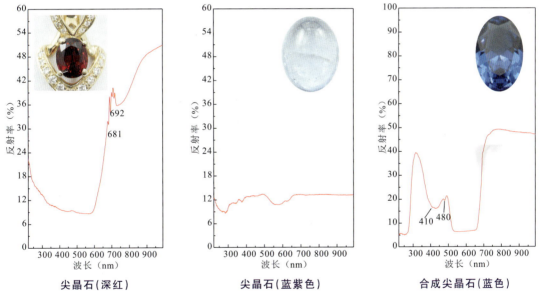

尖晶石(深红)　　　　　尖晶石(蓝紫色)　　　　合成尖晶石(蓝色)

由于尖晶石样品的透明度较高,较多光线透过样品,对样品的紫外-可见光谱产生影响。650~730nm 之间的吸收线推测由致色元素 Cr 导致。

蓝色合成尖晶石的紫外-可见光吸收光谱中可见 410nm、480nm 弱吸收峰和 600nm 为中心的强吸收带,与 Co 致色合成尖晶石的特征一致。

三、拉曼光谱

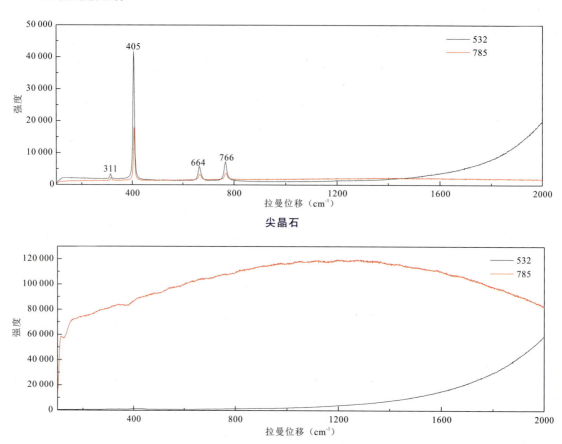

尖晶石

合成尖晶石(蓝色)

405cm^{-1}、664cm^{-1}、766cm^{-1}处为尖晶石的典型拉曼峰。合成尖晶石样品的荧光背景较强,无法辨识出有效的拉曼峰。

金红石(Rutile)

TiO_2

一、红外反射光谱

合成金红石样品与金红石的红外反射光谱基本一致,可见629cm^{-1}、527cm^{-1}等附近典型红外峰。

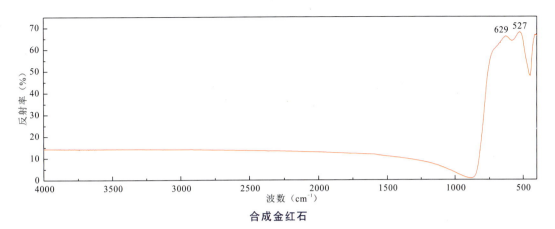

合成金红石

二、紫外-可见光谱

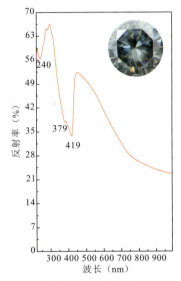

合成金红石(蓝色)

紫外-可见光谱中,蓝色的合成金红石样品可见240nm、419nm等吸收峰。

三、拉曼光谱

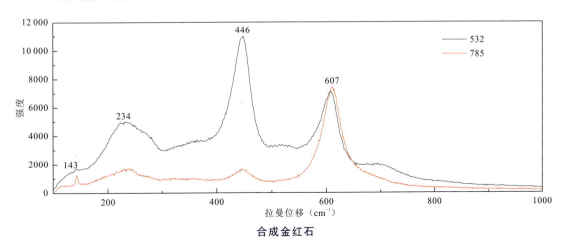

合成金红石

合成金红石样品的拉曼光谱与金红石一致。谱图中 $234cm^{-1}$ 是由于 O—Ti—O 摇摆振动引起的拉曼振动，$446cm^{-1}$ 振动属于 O—Ti—O 扭曲振动，$607cm^{-1}$ 处属于 O—Ti—O 轴向反对称和赤道向弯曲振动频率。

锡石（Cassiterite）

SnO_2

一、红外反射光谱

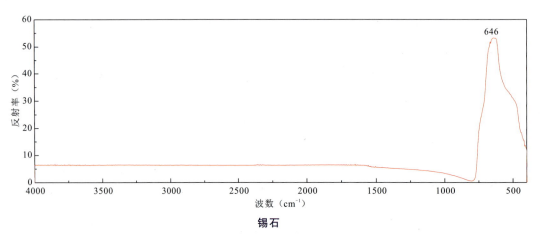

锡石

红外反射光谱中，锡石样品具有 $646cm^{-1}$ 典型红外峰，归属于 Sn—O 的反对称振动。

二、紫外-可见光谱

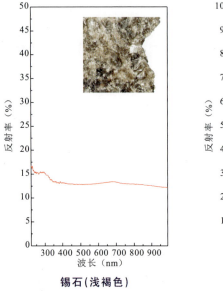

锡石（浅褐色）

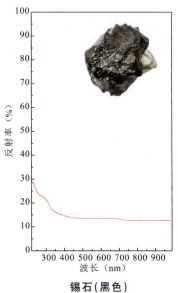

锡石（黑色）

紫外-可见光谱中,锡石样品在可见光区呈现普遍较低的反射率,与样品颜色深浅及透明度相对应。

三、拉曼光谱

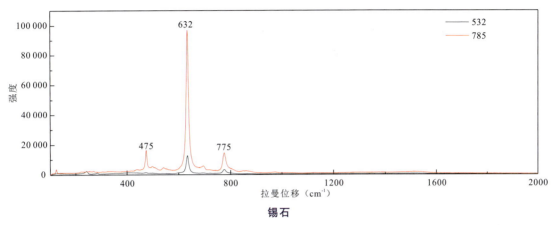

锡石

拉曼光谱中,锡石样品可见 $475cm^{-1}$、$632cm^{-1}$ 和 $775cm^{-1}$ 等典型拉曼峰,其中 $632cm^{-1}$ 峰指派给 A_{1g} 模式,即全对称伸缩振动模式,是锡石以及同结构类型的 AO_2 氧化物的特征峰。

硬水铝石(Diaspore)

AlO(OH)

一、红外反射光谱

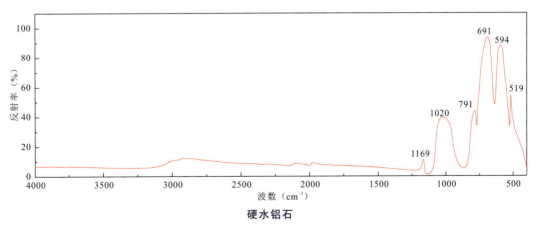

硬水铝石

红外反射光谱中,硬水铝石样品主要可见 $1169cm^{-1}$、$1020cm^{-1}$、$791cm^{-1}$、$691cm^{-1}$、$594cm^{-1}$、$519cm^{-1}$ 等典型红外峰。

二、紫外-可见光谱

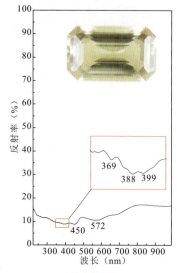

硬水铝石

硬水铝石中 Fe^{3+} 替代 Al^{3+} 后,引起了结构畸变,导致 Fe^{3+} 的轨道分裂,产生对可见光波的选择性吸收。硬水铝石样品的紫外-可见光谱中,369nm、388nm、450nm 附近吸收带分别由 Fe^{3+} 的 $^6A1\rightarrow{}^4E(D)$、$^6A1\rightarrow{}^4T_2(D)$、$^6A1\rightarrow{}^4E+{}^4A(G)$ 的 d–d 电子跃迁所致,同时可能还存在着 $Fe^{3+}-Fe^{3+}$ 离子对的跃迁作用。$Fe^{2+}-Ti^{4+}$ 的电荷转移引起了 572nm 附近吸收带。

三、拉曼光谱

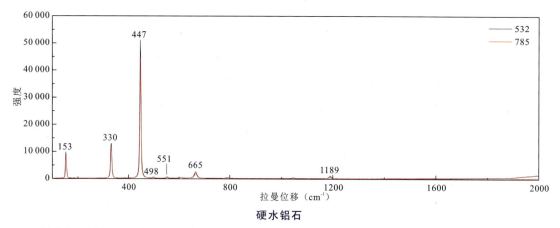

硬水铝石

硬水铝石样品的拉曼光谱中,1189cm^{-1} 附近拉曼峰由—OH 的面内弯曲振动所致,665cm^{-1}、551cm^{-1} 附近拉曼峰由—OH 面外弯曲振动所致,498cm^{-1}、447cm^{-1}、330cm^{-1} 附近拉曼峰与 Al—O 键的振动有关。

赤铁矿（Hematite）

Fe_2O_3

一、红外反射光谱

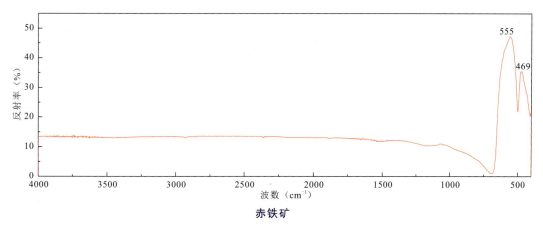

赤铁矿

红外反射光谱中，赤铁矿样品显示 $555cm^{-1}$、$469cm^{-1}$ 等典型红外峰。

二、紫外-可见光谱

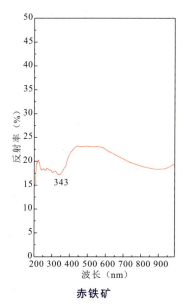

赤铁矿

紫外-可见光谱中，赤铁矿样品主要可见 900nm 为中心的宽吸收带及 250～350nm 区域内较弱的系列吸收峰。

三、拉曼光谱

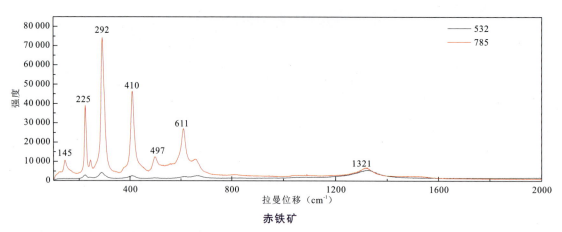

赤铁矿

拉曼光谱中,赤铁矿的典型拉曼峰位于 $225cm^{-1}$、$292cm^{-1}$、$410cm^{-1}$、$497cm^{-1}$、$611cm^{-1}$、$1321cm^{-1}$ 附近。

橄榄石(Peridot)

$$(Mg,Fe)_2SiO_4$$

一、红外光谱

1. 反射光谱

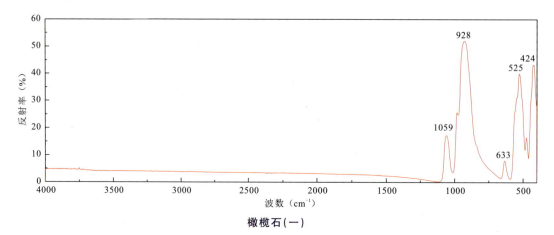

橄榄石(一)

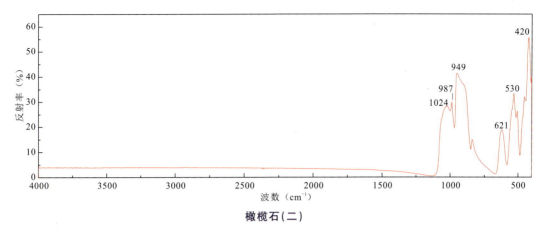

橄榄石(二)

红外反射光谱中,橄榄石样品显示 $1024cm^{-1}$、$987cm^{-1}$、$949cm^{-1}$、$530cm^{-1}$、$420cm^{-1}$ 等典型红外峰。需要注意的是,不同橄榄石的红外反射图谱略有差异,可能是测试的结晶学方向不同所致。

2. 透射光谱

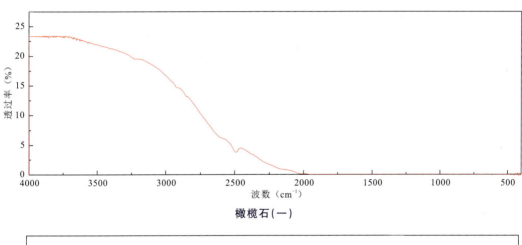

橄榄石(一)

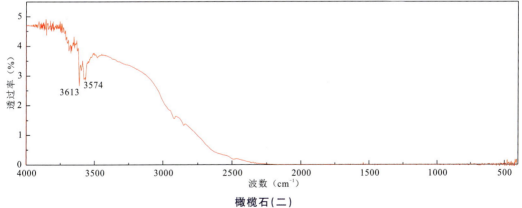

橄榄石(二)

二、紫外-可见光谱

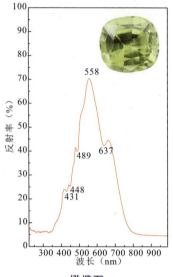

橄榄石

紫外-可见光谱中,橄榄石样品的黄绿区 510～590nm 之间存在一个宽的反射峰(以 558nm 为中心),说明橄榄石的主色调为黄绿色,与肉眼观察一致。400～500nm 范围内反射峰的透过率最低,吸收率最强,符合铁谱特征。

三、拉曼光谱

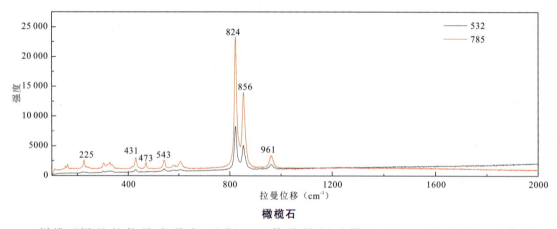

橄榄石

橄榄石样品的拉曼光谱中,硅氧四面体旋转振动模和 M—O 的平移振动模低于 400cm^{-1}。400～700cm^{-1} 内拉曼峰来源于 Si—O 弯曲振动,824cm^{-1} 和 856cm^{-1} 来源于硅氧四面体的对称性伸缩振动 ν_1 和反对称性伸缩振动 ν_3,961cm^{-1} 归属于 Si—O 的伸缩振动。

锆石（Zircon）

$ZrSiO_4$

一、红外光谱

1. 反射光谱

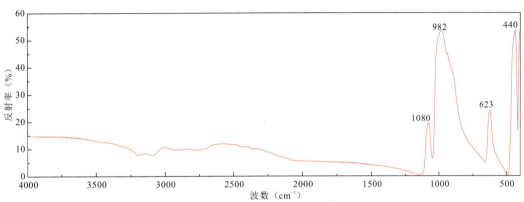

锆石（蓝色）

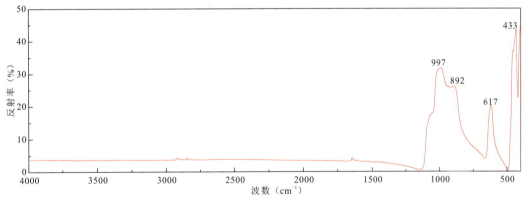

锆石（红褐色）

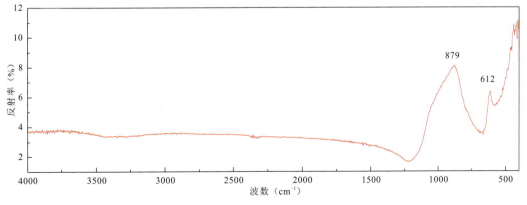

锆石（绿色）

锆石的红外反射光谱中,800～1100cm^{-1} 范围内为[SiO_4]$^{4-}$ 四面体的三重简并伸缩振动带,400～610cm^{-1} 附近的锐吸收带为[SiO_4]$^{4-}$ 四面体的三重简并弯曲振动带。蓝色锆石样品在 440cm^{-1}、623cm^{-1} 处的吸收强且峰形尖锐,符合晶质锆石的特点。

2. 透射光谱

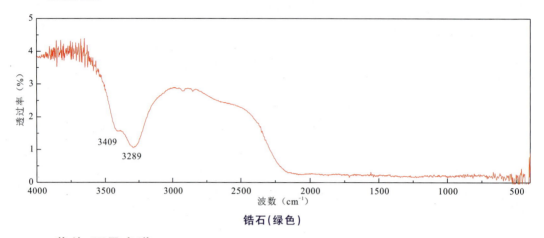

锆石(绿色)

二、紫外-可见光谱

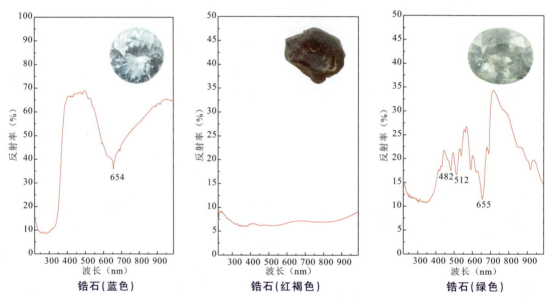

锆石(蓝色)　　锆石(红褐色)　　锆石(绿色)

紫外-可见光谱中,蓝色锆石样品可见 654nm、692nm 两处尖锐的吸收峰,是锆石的诊断线。654nm 附近较强的宽带与还原气氛热处理蓝锆石的特征相符。

三、拉曼光谱

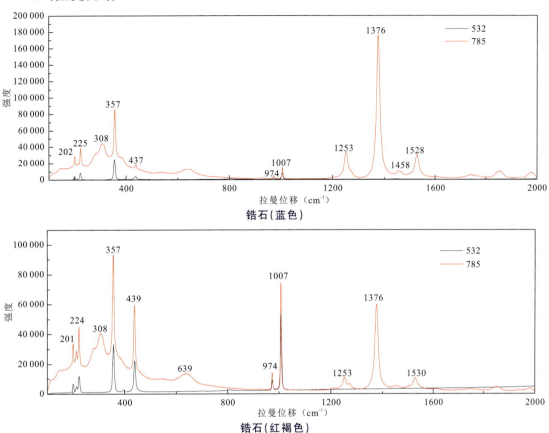

锆石(蓝色)

锆石(红褐色)

$1007 cm^{-1}$($Si—O_{v3}$振动)、$974 cm^{-1}$($Si—O_{v1}$振动)和 $437(479) cm^{-1}$($Si—O_{v2}$振动)与硅氧四面体的内部振动有关,$357 cm^{-1}$附近谱峰的成因存在争议,普遍认为 $224(225) cm^{-1}$ 与硅氧四面体和锆离子引起的晶格拉曼振动有关。

四、X 射线荧光光谱

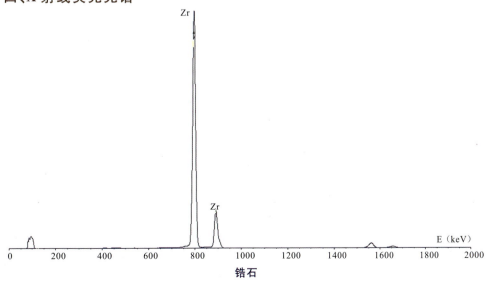

锆石

X射线荧光光谱中,锆石样品可见明显锆(Zr)特征峰。

石榴石(Garnet)

$$Mg_3Al_2(SiO_4)_3—Fe_3Al_2(SiO_4)_3—Mn_3Al_2(SiO_4)_3$$
$$Ca_3Al_2(SiO_4)_3—Ca_3Fe_2(SiO_4)_3—Ca_3Cr_2(SiO_4)_3$$

一、红外光谱

1. 反射光谱

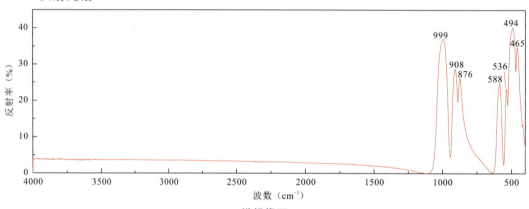

镁铝榴石

红外反射光谱中,镁铝榴石样品显示 999 cm^{-1}、908 cm^{-1}、876 cm^{-1}、588 cm^{-1}、536 cm^{-1} 等与[SiO_4]有关的红外峰,494 cm^{-1}、465 cm^{-1} 附近红外峰与 Al—O 有关。当镁铝榴石中的铁铝榴石或锰铝榴石增多时,红外峰可能向低波数移动。

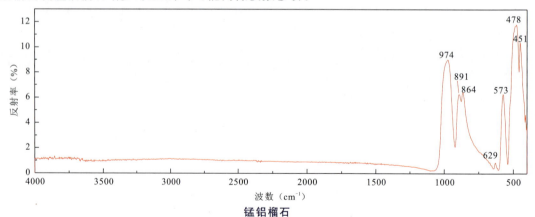

锰铝榴石

红外反射光谱中,锰铝榴石样品显示 974 cm^{-1}、891 cm^{-1}、864 cm^{-1}、629 cm^{-1}、573 cm^{-1} 等与[SiO_4]有关的红外峰,478 cm^{-1}、451 cm^{-1} 附近红外峰与 Al—O 有关。

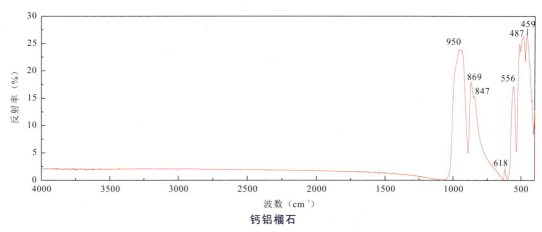

钙铝榴石

红外反射光谱中,钙铝榴石样品显示 $950cm^{-1}$、$869cm^{-1}$、$847cm^{-1}$、$618cm^{-1}$、$556cm^{-1}$ 附近与[SiO_4]有关的红外峰,$487cm^{-1}$、$459cm^{-1}$ 附近红外峰与 Al—O 有关。

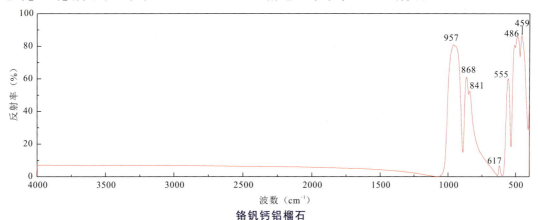

铬钒钙铝榴石

红外反射光谱中,铬钒钙铝榴石样品显示 $957cm^{-1}$、$868cm^{-1}$、$841cm^{-1}$、$617cm^{-1}$、$555cm^{-1}$ 等与[SiO_4]有关的红外峰,$486cm^{-1}$、$459cm^{-1}$ 等红外峰与 Al—O 有关。

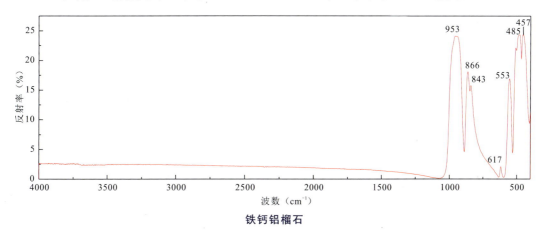

铁钙铝榴石

红外反射光谱中,铁钙铝榴石样品显示 $953cm^{-1}$、$866cm^{-1}$、$843cm^{-1}$、$617cm^{-1}$、$553cm^{-1}$ 等与[SiO_4]有关的红外峰,$485cm^{-1}$、$457cm^{-1}$ 等红外峰与 Al—O 有关。当钙铝榴石含有一定量的钙铁榴石时,红外峰可向低波数移动。

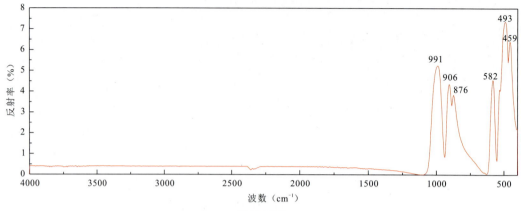

铁铝榴石

红外反射光谱中,铁铝榴石样品显示 991cm^{-1}、906cm^{-1}、876cm^{-1}、582cm^{-1} 等与[SiO$_4$]有关的红外峰,493cm^{-1}、459cm^{-1} 等红外峰与 Al—O 有关。样品未见 638cm^{-1} 附近红外峰,可能与含有一定量的镁铝榴石有关,镁铝榴石的含量越高,638cm^{-1} 附近红外峰越弱。

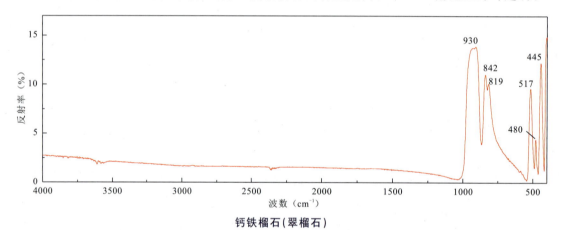

钙铁榴石(翠榴石)

红外反射光谱中,钙铁榴石(翠榴石)样品显示 930cm^{-1}、842cm^{-1}、819cm^{-1}、517cm^{-1} 附近与[SiO$_4$]有关的红外峰,480cm^{-1}、445cm^{-1} 附近红外峰与 Al—O 有关。

2. 透射光谱

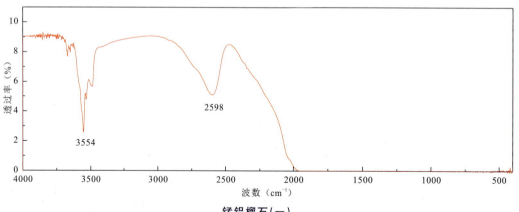

锰铝榴石(一)

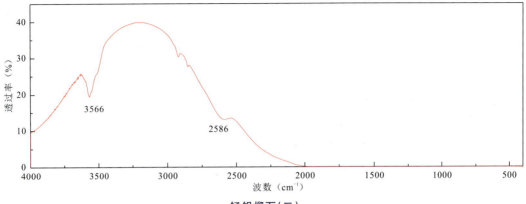
锰铝榴石(二)

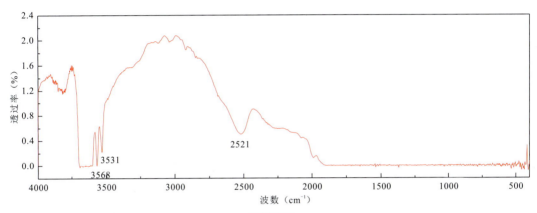
钙铝榴石

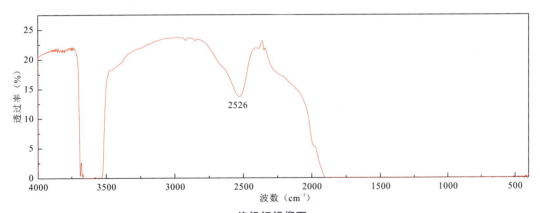
铬钒钙铝榴石

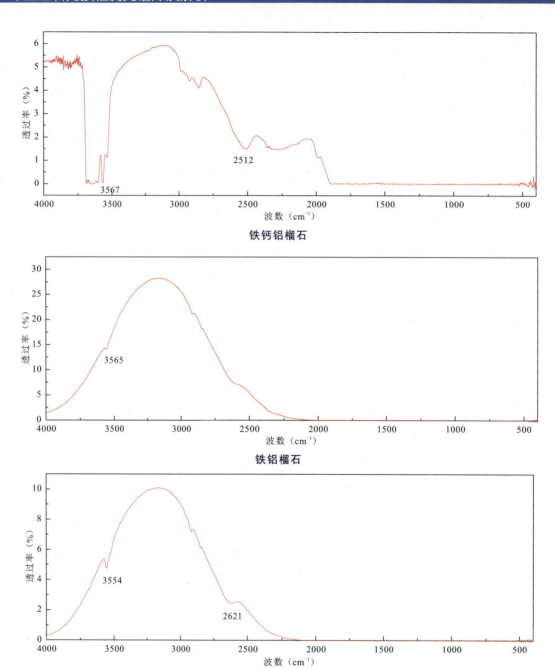

铁钙铝榴石

铁铝榴石

铁镁铝榴石

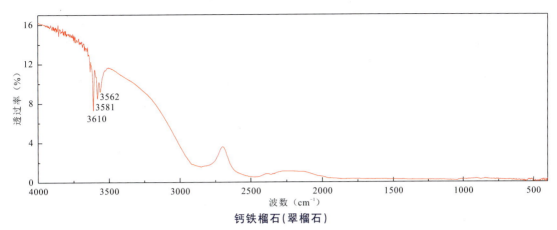

钙铁榴石(翠榴石)

石榴石中的水有两种存在形式:一种是分子水,以气液包裹体形式吸附在石榴石矿物裂隙及其表面,其伸缩振动吸收峰位于 $3400\sim3500cm^{-1}$,红外吸收峰形钝且宽;另一种是结构水,是石榴石晶体结构的组成部分,其伸缩振动吸收峰位于 $3500\sim3700cm^{-1}$,红外吸收峰形尖锐。

二、紫外-可见光谱

紫外-可见光谱中,锰铝榴石样品可见692nm附近 Cr^{3+} d-d跃迁所致吸收峰,568nm附近推测与 Fe^{3+} 有关。据文献报道,420~460nm区域内可存在 Mn^{2+} d-d跃迁导致的吸收。钙铝榴石样品没有特征的吸收光谱。钒铬钙铝榴石样品在356nm、436nm、610nm附近可见Cr的吸收。铁铝榴石和铁镁铝榴石样品都可见698nm附近 Cr^{3+} d-d跃迁所致吸收峰,574nm、460nm、424nm附近为 Fe^{2+} d-d跃迁所致吸收峰。钙铁榴石(翠榴石)样品显示 $440cm^{-1}$、$580cm^{-1}$、$619cm^{-1}$、$854cm^{-1}$ 附近吸收带,其中 $440cm^{-1}$、$580cm^{-1}$、$619cm^{-1}$ 归属于 Fe^{3+} d-d跃迁。

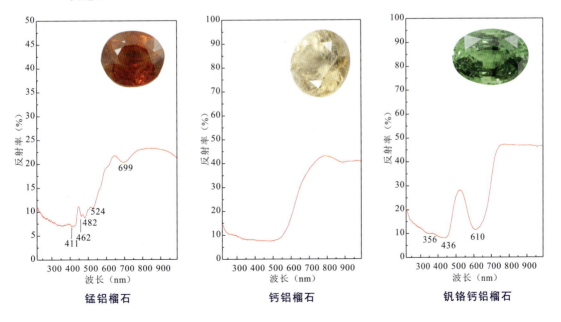

锰铝榴石　　　　　钙铝榴石　　　　　钒铬钙铝榴石

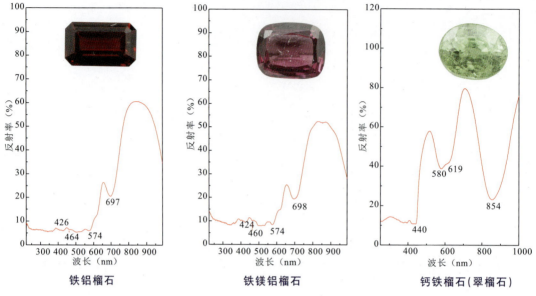

铁铝榴石　　　　　　铁镁铝榴石　　　　　钙铁榴石(翠榴石)

三、拉曼光谱

硅酸盐系列矿物的拉曼光谱中 Si—O(非桥氧)的伸缩振动频率位于 800~1250cm^{-1} 之间，Si—O(桥氧)—Si 的反对称伸缩加弯曲振动频率位于 450~760cm^{-1} 之间，[SiO$_4$]旋转振动 R[SiO$_4$]产生的拉曼峰一般小于 400cm^{-1}。由于石榴石族矿物之间存在普遍的类质同象替代，不同品种石榴石的拉曼光谱的谱峰存在差异。

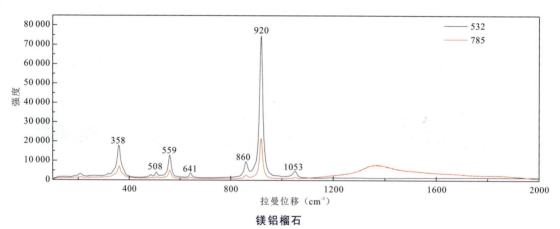

镁铝榴石

镁铝榴石样品的拉曼光谱中，1053cm^{-1}、920cm^{-1}、860cm^{-1} 归属于 Si—O 伸缩振动，641cm^{-1}、559cm^{-1}、508cm^{-1} 归属于 Si—O 弯曲振动，358cm^{-1} 归属于[SiO$_4$]旋转振动 R[SiO$_4$]。

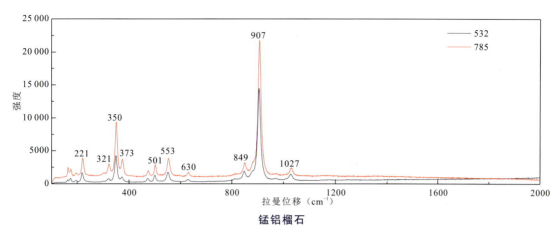

锰铝榴石

锰铝榴石样品的拉曼光谱中，1027cm^{-1}、907cm^{-1}、849cm^{-1}归属于Si—O伸缩振动，630cm^{-1}、553cm^{-1}、501cm^{-1}归属于Si—O弯曲振动，373cm^{-1}、350cm^{-1}、321cm^{-1}归属于[SiO$_4$]旋转振动R[SiO$_4$]。

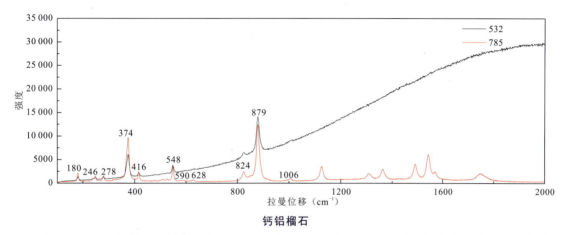

钙铝榴石

钙铝榴石样品的拉曼光谱中，1006cm^{-1}、879cm^{-1}、824cm^{-1}归属于Si—O伸缩振动，628cm^{-1}、590cm^{-1}、548cm^{-1}、416cm^{-1}归属于Si—O弯曲振动，374cm^{-1}归属于[SiO$_4$]旋转振动R[SiO$_4$]。

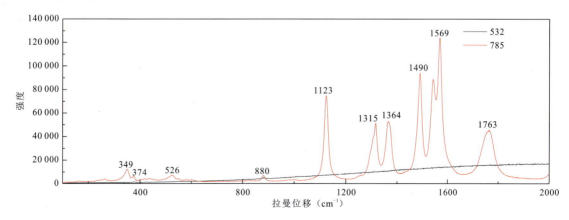

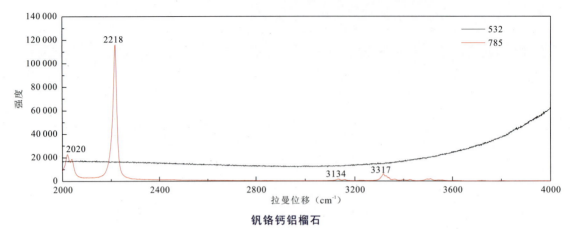

钒铬钙铝榴石

钒铬钙铝榴石样品的拉曼光谱中,880 cm^{-1} 归属于 Si—O 伸缩振动,526 cm^{-1} 归属于 Si—O 弯曲振动,374 cm^{-1}、349 cm^{-1} 归属于 [SiO$_4$] 旋转振动 R[SiO$_4$]。

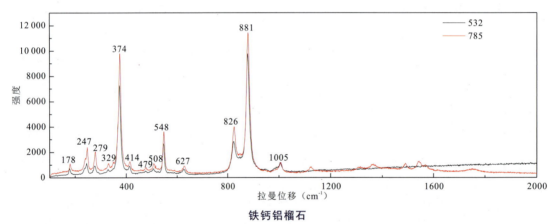

铁钙铝榴石

铁钙铝榴石样品的拉曼光谱中,1005 cm^{-1}、881 cm^{-1}、826 cm^{-1} 归属于 Si—O 伸缩振动,627 cm^{-1}、548 cm^{-1}、508 cm^{-1}、479 cm^{-1}、414 cm^{-1} 归属于 Si—O 弯曲振动,374 cm^{-1}、329 cm^{-1} 归属于 [SiO$_4$] 旋转振动 R[SiO$_4$]。

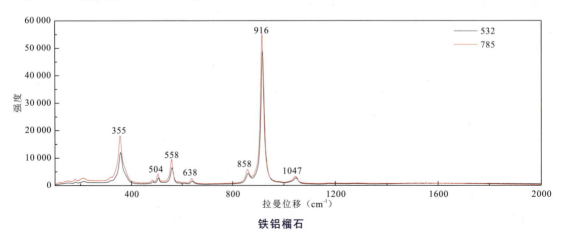

铁铝榴石

铁铝榴石样品的拉曼光谱中,1047 cm^{-1}、916 cm^{-1}、858 cm^{-1} 归属于 Si—O 伸缩振动,

638cm^{-1}、558cm^{-1}、504cm^{-1}归属于 Si—O 弯曲振动，355cm^{-1}归属于[SiO$_4$]旋转振动 R[SiO$_4$]。

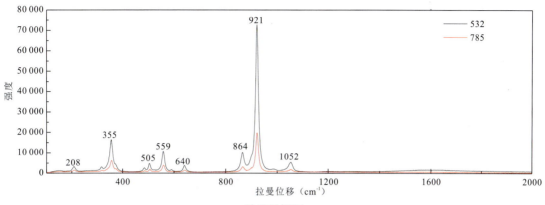

铁镁铝榴石

铁镁铝榴石样品的拉曼光谱中，1052cm^{-1}、921cm^{-1}、864cm^{-1}归属于 Si—O 伸缩振动，640cm^{-1}、559cm^{-1}、505cm^{-1}归属于 Si—O 弯曲振动，355cm^{-1}归属于[SiO$_4$]旋转振动 R[SiO$_4$]。

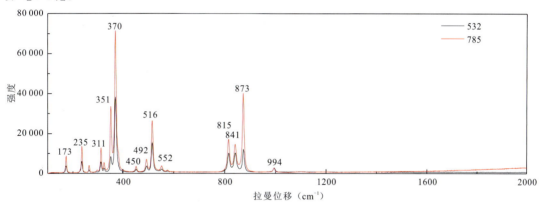

钙铁榴石（翠榴石）

钙铁榴石（翠榴石）样品的拉曼光谱中，993cm^{-1}、873cm^{-1}、841cm^{-1}、815cm^{-1}归属于 Si—O 伸缩振动，552cm^{-1}、516cm^{-1}、492cm^{-1}、450cm^{-1}归属于 Si—O 弯曲振动，370cm^{-1}、351cm^{-1}、311cm^{-1}归属于[SiO$_4$]旋转振动 R[SiO$_4$]。

绿帘石（Epidote）

$$Ca_2(Al,Fe)_3(Si_2O_7)(SiO_4)O(OH)$$

一、红外光谱

1. 反射光谱

绿帘石样品的红外反射光谱中，可见 523cm^{-1}、581cm^{-1}、653cm^{-1}、958cm^{-1}、1058cm^{-1}、1123cm^{-1}等典型红外峰。

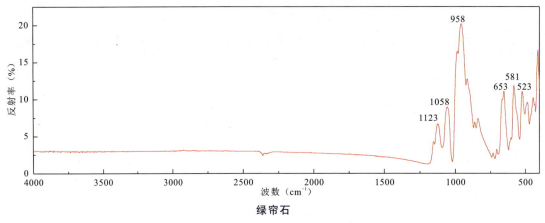

绿帘石

2. 透射光谱

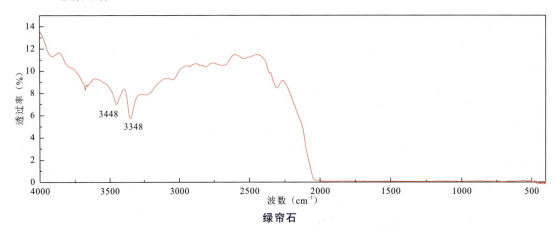

绿帘石

绿帘石样品的红外透射光谱中，可见 $3448cm^{-1}$、$3348cm^{-1}$ 处明显吸收。

二、紫外-可见光谱

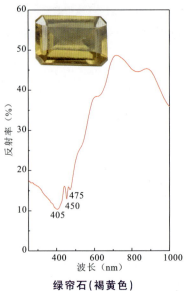

绿帘石（褐黄色）

紫外-可见光谱中,褐黄色的绿帘石样品显示 450cm^{-1} 附近强吸收峰、475cm^{-1} 附近弱吸收峰及 405cm^{-1} 宽吸收带。

三、拉曼光谱

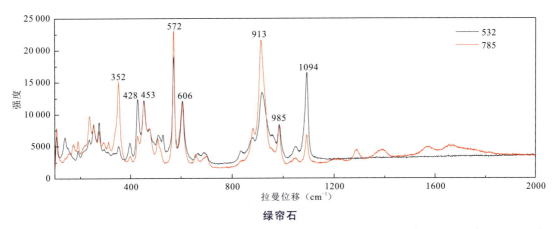

绿帘石

拉曼光谱中,绿帘石样品可见 352cm^{-1}、428cm^{-1}、453cm^{-1}、572cm^{-1}、606cm^{-1}、913cm^{-1}、985cm^{-1}、1094cm^{-1} 等典型拉曼峰。

托帕石(Topaz)

$Al_2SiO_4(F,OH)_2$

一、红外光谱

1. 反射光谱

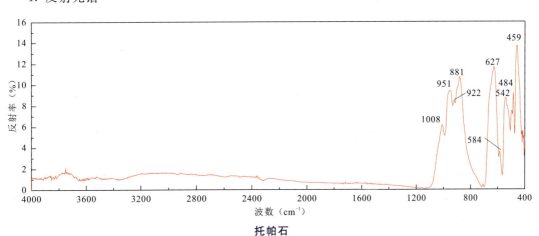

托帕石

托帕石样品的红外反射光谱中,900~1200cm^{-1} 由 Si—O—Si 反对称伸缩振动引起,具体峰位为 1008cm^{-1}、951cm^{-1}、922cm^{-1};700~900cm^{-1} 间为 Al—O 伸缩振动,峰位为 881cm^{-1};584~700cm^{-1} 由 Si—O 对称伸缩振动引起,特征峰为 627cm^{-1}、584cm^{-1};584cm^{-1} 以下范围内红外峰由 Al—O—Al 的弯曲振动引起,峰位有 542cm^{-1}、484cm^{-1}、459cm^{-1}。

2. 透射光谱

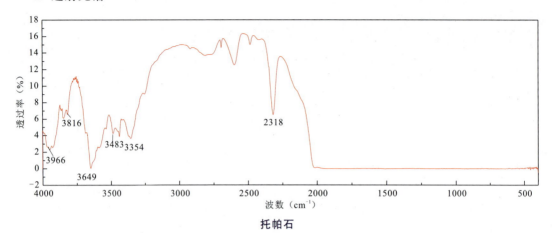

托帕石

托帕石样品的红外透射光谱中,波数高于 $3354cm^{-1}$ 的吸收带属于 OH 基团的基频伸缩振动和合频、倍频振动,主峰位为 $3649cm^{-1}$。以 $3649cm^{-1}$ 为中心吸收,$3816\sim3966cm^{-1}$ 与 $3354\sim3483cm^{-1}$ 呈"镜像"对称的吸收峰,可以看作是 $3649cm^{-1}$ 基频"和"与"差"模式,其强弱与羟基异常分布有直接关系。

二、紫外-可见光谱

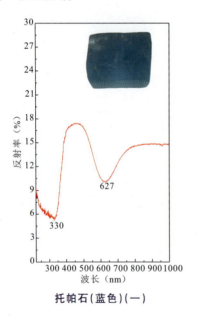

托帕石(蓝色)(一)

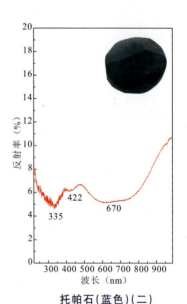

托帕石(蓝色)(二)

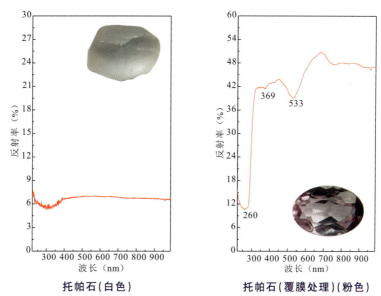

托帕石（白色） 托帕石（覆膜处理）（粉色）

紫外-可见光谱中，托帕石（蓝色）（一）在330nm、627nm附近存在强吸收带，符合天然蓝色托帕石的特征；托帕石（蓝色）（二）在335nm、422nm、670nm附近存在吸收带，符合辐照蓝色托帕石的特征；托帕石（白色）样品在可见光区域存在较一致的低反射率，未表现出明显的反射峰或反射谷；粉色覆膜处理的托帕石样品在260nm、533nm附近可见强吸收带，369nm附近可见一系列弱吸收峰。

三、拉曼光谱

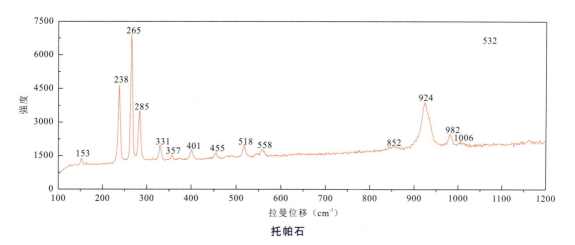

托帕石

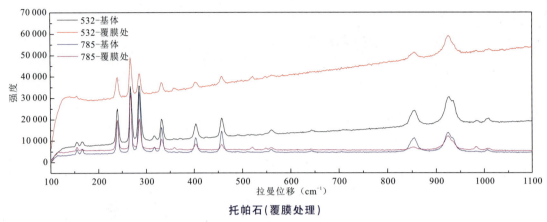

托帕石(覆膜处理)

托帕石样品的拉曼光谱中,982cm^{-1}、924cm^{-1}属于Si—O的对称伸缩振动,拉曼峰852cm^{-1}是由于OH取代F而产生的Si—O对称伸缩振动和非对称伸缩振动的耦合振动,558cm^{-1}和455cm^{-1}归属于Si—O的弯曲振动,401cm^{-1}和331cm^{-1}归属于Al—O的弯曲振动,265cm^{-1}归属于Al—O伸缩振动和Si—O—Si弯曲振动的耦合振动。覆膜处理托帕石的拉曼光谱中,覆膜处的拉曼光谱与托帕石基体基本一致。

榍石(Sphene)

$$CaTi(SiO_4)O$$

一、红外光谱

1. 反射光谱

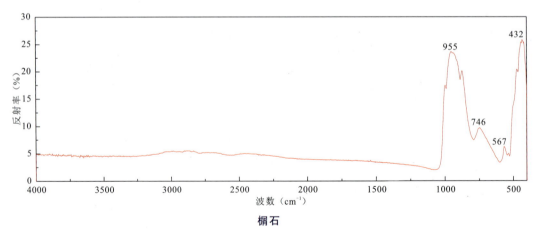

榍石

红外反射光谱中,榍石样品可见955cm^{-1}、746cm^{-1}、567cm^{-1}、432cm^{-1}等典型红外峰。其中800~1100cm^{-1}范围内的红外峰归属于[SiO$_4$]$^{4-}$四面体的伸缩振动,800cm^{-1}以下的谱带由[SiO$_4$]$^{4-}$四面体及阳离子配位多面体的振动引起。

2. 透射光谱

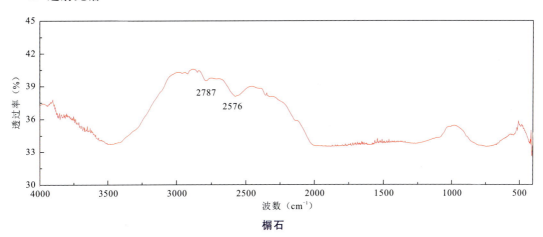

榍石

红外透射光谱中,榍石样品可见 2787cm^{-1}、2576cm^{-1} 等红外吸收峰。

二、紫外-可见光谱

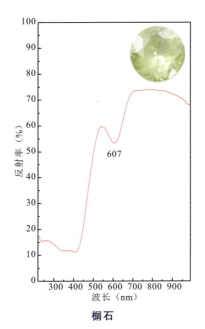

榍石

紫外-可见光谱中,榍石样品可见 607nm 吸收带。

三、拉曼光谱

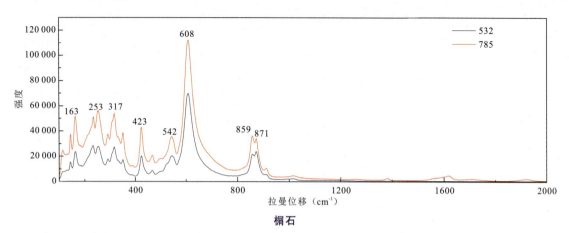

榍石

拉曼光谱中,榍石样品可见 $871cm^{-1}$、$859cm^{-1}$、$608cm^{-1}$、$542cm^{-1}$、$423cm^{-1}$、$317cm^{-1}$、$253cm^{-1}$、$163cm^{-1}$ 等拉曼峰,其中 $608cm^{-1}$ 的强度最强,可作为拉曼特征峰。

红柱石(Andalusite)

$$Al_2SiO_5$$

一、红外光谱

1. 反射光谱

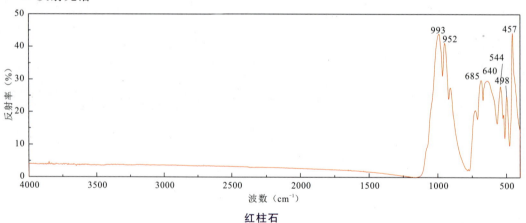

红柱石

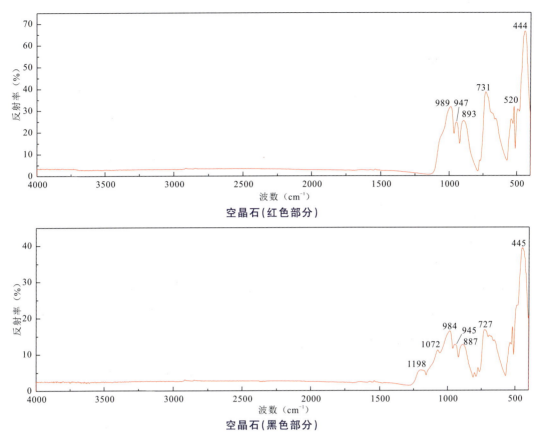

空晶石（红色部分）

空晶石（黑色部分）

红柱石样品的红外光谱中，$800\sim1000\text{cm}^{-1}$ 内为 Si—O 的伸缩振动，主要分布在 993cm^{-1}、952cm^{-1} 处附近，强度相近。小于 500cm^{-1} 的谱带为 Si—O 的弯曲振动，分别在 498cm^{-1}、457cm^{-1} 处附近，457cm^{-1} 处频带较强。

红柱石中，阳离子 Al^{3+} 有两种配位方式，分别是构成八面体的六次配位和构成三方双锥多面体的五次配位，配位方式增多，导致红外光谱频带增多，主要范围在 $500\sim735\text{cm}^{-1}$，为 Al—O 的伸缩振动，544cm^{-1} 和 685cm^{-1} 归属于 Al—O 的六次配位伸缩振动，640cm^{-1} 归属于五次配位 Al—O 的伸缩振动。黑色部分的红外光谱多了大于 1000cm^{-1} 的红外峰，位于 1198cm^{-1}、1072cm^{-1} 处。

2. 透射光谱

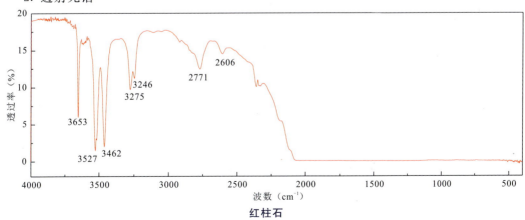

红柱石

红柱石透射光谱具有 3653cm^{-1}、3527cm^{-1}、3462cm^{-1}、3275cm^{-1}、3246cm^{-1}、2771cm^{-1}、2606cm^{-1} 吸收带。

二、紫外-可见光谱

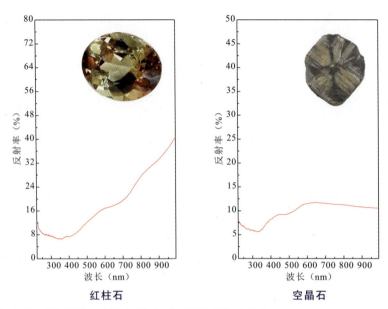

红柱石　　　　　　　　　　　空晶石

红柱石和空晶石的紫外-可见光谱未显示明显特征吸收。

三、拉曼光谱

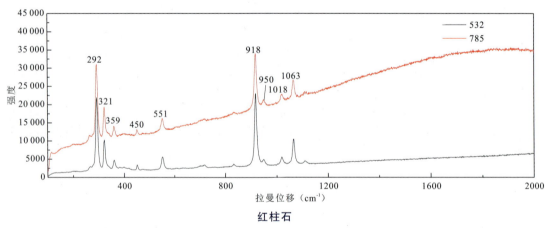

红柱石

红柱石的拉曼光谱中,292cm^{-1} 由六配位铝引起,归属于 Al^{VI}—O 的弯曲振动,359cm^{-1} 由 Si—O$_{br}$(桥氧)的弯曲振动引起。918cm^{-1}、950cm^{-1} 归属于 Si—O$_{nb}$(非桥氧)之间的对称伸缩振动。1018cm^{-1} 归属于 Si—O$_{nb}$(非桥氧)间的反对称伸缩振动。

蓝晶石 (Kyanite)

Al_2SiO_5

一、红外光谱

1. 反射光谱

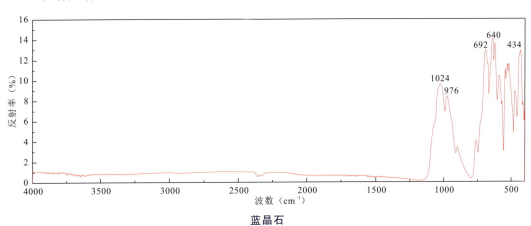

蓝晶石

红外反射光谱中,蓝晶石样品可见 $1024cm^{-1}$、$976cm^{-1}$、$692cm^{-1}$、$640cm^{-1}$、$434cm^{-1}$ 等典型红外峰。$900\sim1040cm^{-1}$ 之间为 Si—O 伸缩振动,$600\sim730cm^{-1}$ 之间为 Si—O 弯曲振动,$430\sim570cm^{-1}$ 之间为 O—Si—O 弯曲振动。

2. 透射光谱

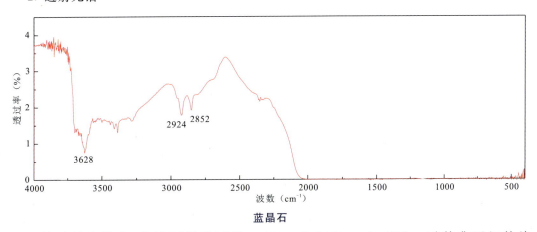

蓝晶石

红外透射光谱中,蓝晶石样品可见 $3628cm^{-1}$、$2924cm^{-1}$、$2852cm^{-1}$ 等典型红外峰。$3628cm^{-1}$ 可能与 OH 有关。

二、紫外-可见光谱

蓝晶石(蓝色)

蓝色蓝晶石样品的紫外-可见光谱中，370nm、390nm、414nm 吸收峰与 Fe^{3+} 有关，以 600nm 为中心的宽吸收带与 $Fe^{2+}-Ti^{4+}$ 电荷转移有关，推测 690nm、707nm 处为蓝晶石中 Cr 产生的荧光峰。

三、拉曼光谱

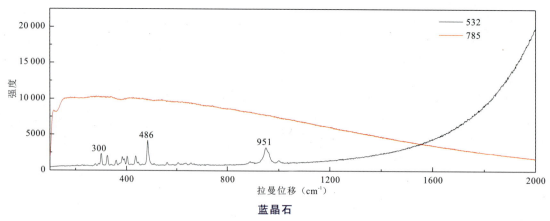

蓝晶石

蓝晶石样品的拉曼光谱中，$300cm^{-1}$ 归属于 Al—O 对称弯曲振动(铝呈六配位)，$486cm^{-1}$ 归属于 Si—O_{nb}(非桥氧)对称弯曲振动，$951cm^{-1}$ 归属于 Si—O_{nb}(非桥氧)对称伸缩振动。

坦桑石（Tanzanite）

$$Ca_2Al_3(Si_2O_7)(SiO_4)O(OH)$$

一、红外光谱

1. 反射光谱

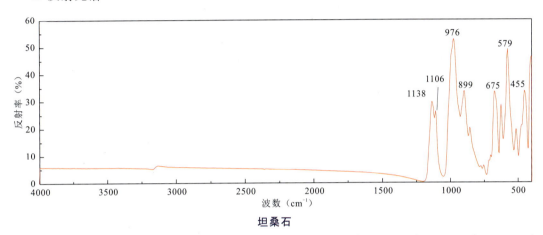

坦桑石

红外反射光谱中，坦桑石样品可见 $1138cm^{-1}$、$1106cm^{-1}$、$976cm^{-1}$、$899cm^{-1}$、$675cm^{-1}$、$579cm^{-1}$、$455cm^{-1}$ 等典型红外峰。

2. 透射光谱

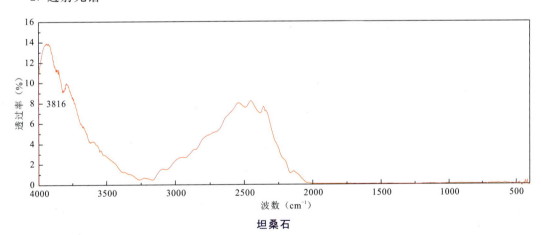

坦桑石

红外透射光谱中，坦桑石样品可见 $3816cm^{-1}$ 处存在较明显的吸收峰。

二、紫外-可见光谱

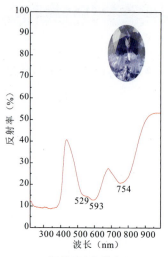

坦桑石(蓝紫色)

紫外-可见光谱中,蓝紫色的坦桑石样品可见 754nm、593nm、529nm 处存在吸收。

三、拉曼光谱

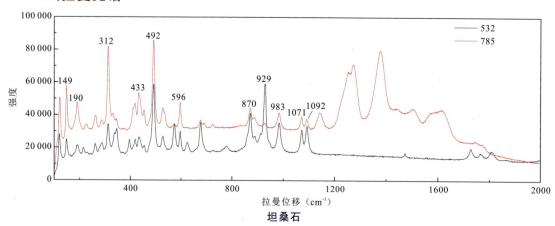

坦桑石

拉曼光谱中,坦桑石样品可见 $983cm^{-1}$、$929cm^{-1}$、$870cm^{-1}$、$596cm^{-1}$、$492cm^{-1}$、$433cm^{-1}$、$312cm^{-1}$ 等典型的拉曼峰。在不同波长激光的激发下,1000~2000cm^{-1} 区域内的峰存在明显差异,推测此区域的峰为激光激发的荧光峰。

符山石（Idocrase/Vesuvianite）

$$Ca_{10}Mg_2Al_4(SiO_4)_5(Si_2O_7)_2(OH)_4$$

一、红外反射光谱

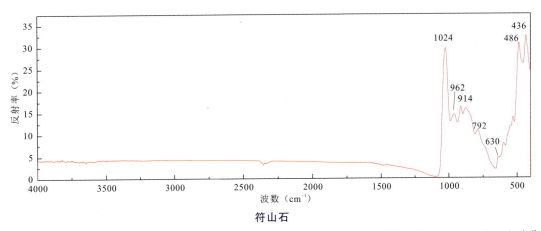

符山石

符山石样品的红外反射光谱中，$1024cm^{-1}$、$962cm^{-1}$、$914cm^{-1}$ 归属于 Si—O—Si 反对称伸缩振动，$792cm^{-1}$、$630cm^{-1}$ 归属于 Si—O—Si 对称伸缩振动，$486cm^{-1}$、$436cm^{-1}$ 归属于 Si—O 弯曲振动。

二、紫外-可见光谱

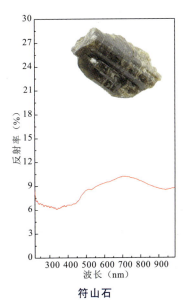

符山石

紫外-可见光谱中，符山石样品在 300～400nm 有弱吸收带。

三、拉曼光谱

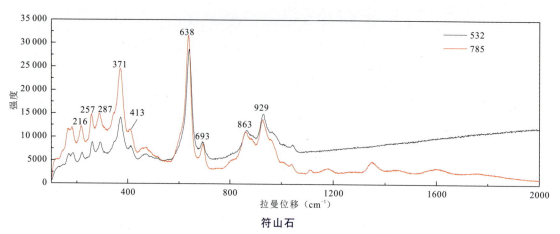

符山石

拉曼光谱中,符山石样品主要显示 $371cm^{-1}$、$413cm^{-1}$、$638cm^{-1}$、$693cm^{-1}$、$863cm^{-1}$、$929cm^{-1}$ 等典型拉曼峰,其中 $863cm^{-1}$、$929cm^{-1}$ 为 Si—O 的伸缩振动,$638cm^{-1}$、$693cm^{-1}$ 为 Si—O 的弯曲振动,$371cm^{-1}$、$413cm^{-1}$ 与金属离子 M 对 O 引起的平移有关。

硅铍石(Phenakite)

$$Be_2SiO_4$$

一、红外光谱

1. 反射光谱

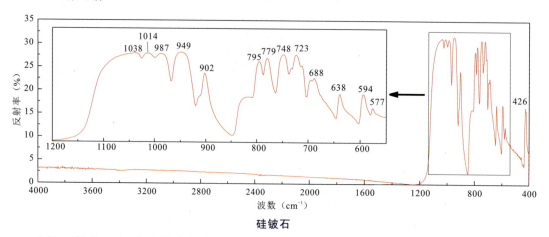

硅铍石

硅铍石样品的红外反射光谱中,$1038cm^{-1}$、$1014cm^{-1}$ 与 SiO_3 的反对称伸缩振动有关,$987cm^{-1}$、$902cm^{-1}$ 与 SiO_3 的对称伸缩振动有关,$688cm^{-1}$、$638cm^{-1}$ 由 Si—O 对称伸缩振动引起。

2. 透射光谱

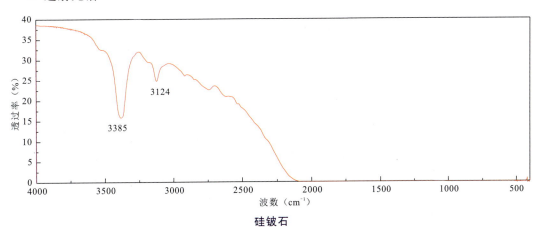

硅铍石

红外透射光谱中,硅铍石样品可见 $3124cm^{-1}$、$3385cm^{-1}$ 两处明显的红外吸收。

二、紫外-可见光谱

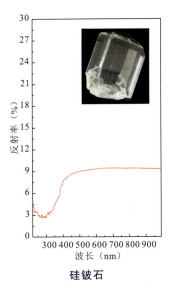

硅铍石

硅铍石样品无色透明,测试区域内的反射率整体偏低。220～350nm 区域内的反射率低于可见光区域。

三、拉曼光谱

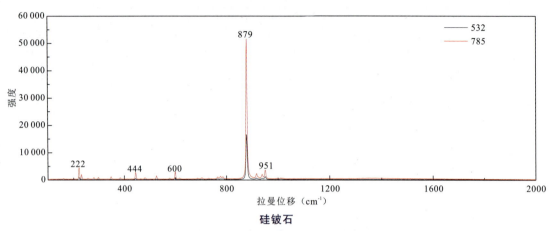

硅铍石

硅铍石的拉曼光谱中,$222cm^{-1}$归属于硅铍石晶格振动,$600cm^{-1}$、$879cm^{-1}$归属于Be—O振动,而$444cm^{-1}$、$951cm^{-1}$分别归属于Si—O—Si的反对称伸缩振动和对称伸缩振动。

异极矿(Hemimorphite)

$$Zn_4[Si_2O_7](OH)_2 \cdot H_2O$$

一、红外反射光谱

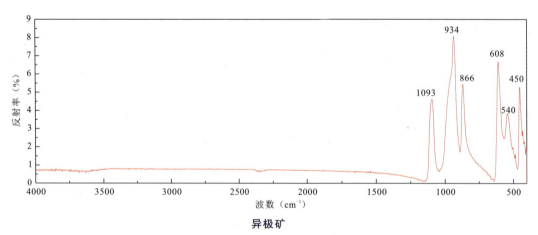

异极矿

异极矿样品的红外反射光谱中,$1093cm^{-1}$由Si—O—Si反对称伸缩振动所致,O—Si—O对称伸缩振动致主要谱峰位于$934cm^{-1}$、$866cm^{-1}$处,Si—O—Si的对称伸缩振动致红外谱带出现在$608cm^{-1}$,$540cm^{-1}$、$450cm^{-1}$处的吸收峰则归属为Si—O弯曲振动所致。

二、紫外-可见光谱

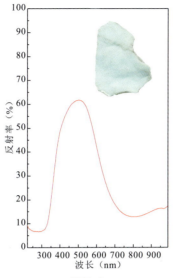

异极矿

紫外-可见光谱中,异极矿样品未显示特征吸收。

三、拉曼光谱

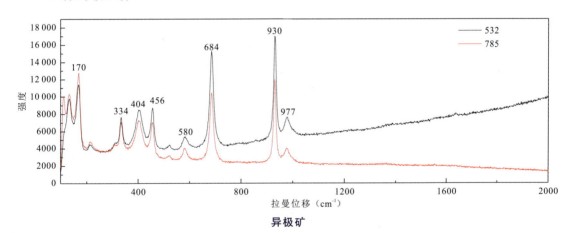

异极矿

异极矿的拉曼光谱中,930cm^{-1}归属于Si—O对称伸缩振动,684cm^{-1}由Si—O—Si对称伸缩振动所致。在低频区400cm^{-1}以下的谱峰主要是Zn—O伸缩振动和晶格长程有序的外震动模式所致。456cm^{-1}、404cm^{-1}两个强峰归属于Si—O—Si弯曲振动。

绿柱石（Beryl）

$$Be_3Al_2Si_6O_{18}$$

一、红外光谱

1. 反射光谱

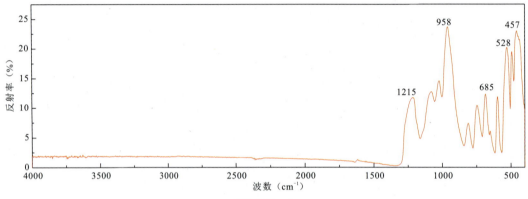

绿柱石（一）

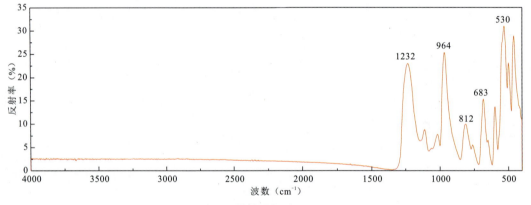

绿柱石（二）

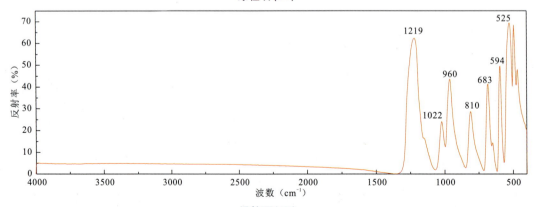

绿柱石（三）

红外反射光谱中,1230cm^{-1}、816cm^{-1}、760cm^{-1}、688cm^{-1}等红外峰归属于Si—O—Si伸缩振动,1020cm^{-1}、965cm^{-1}等红外峰归属于O—Si—O伸缩振动,600cm^{-1}、530cm^{-1}、492cm^{-1}、460cm^{-1}等红外峰源自Si—O弯曲振动。

2. 透射光谱

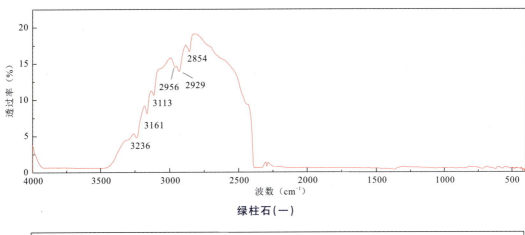

绿柱石(一)

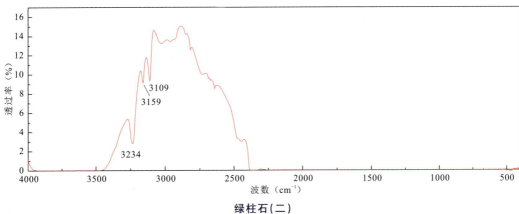

绿柱石(二)

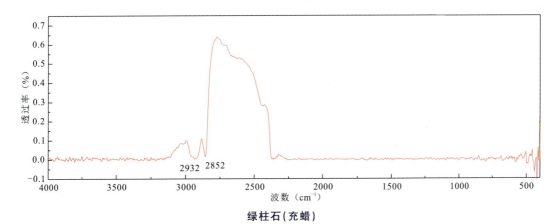

绿柱石(充蜡)

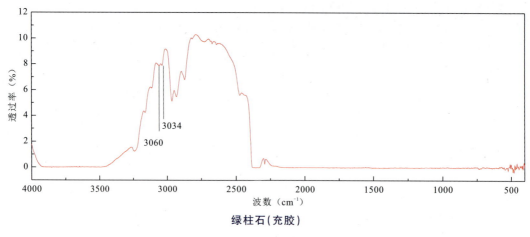

绿柱石（充胶）

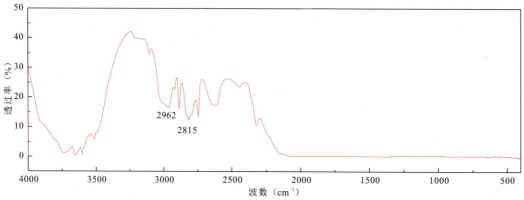

水热法合成祖母绿

天然绿柱石族的宝石在 3000～3800cm^{-1} 范围内显示羟基和 H_2O 的红外吸收。绿柱石族宝石充蜡后，显示 2932cm^{-1}、2852cm^{-1} 附近吸收峰，分别归属于（CH_2）的不对称伸缩振动和对称伸缩振动。当绿柱石中的红外透射光谱中出现 2800～3000cm^{-1} 强峰及 3060cm^{-1}、3034cm^{-1} 附近双峰时，可作为绿柱石经人工树脂充填的有力证据。

对比水热法合成祖母绿和天然祖母绿的图谱，前者在 2500～3000cm^{-1} 区域内可见明显的红外吸收峰，据前人研究可能与 Cl^- 有关。

二、紫外-可见光谱

天然橙黄色绿柱石的颜色受控于 $O^{2-} \rightarrow Fe^{3+}$ 荷移带。黄色绿柱石样品测试图谱中，可见 835nm 附近吸收带、957nm 吸收峰和 350nm 附近吸收边。

无色绿柱石经辐照处理可诱生黄色或橙黄色色心，由 $[H^0]_1$ 心所致的特征吸收峰位于 689nm 处，与晶体结晶方向无关，643nm、627nm、601nm、586nm、536nm 等为 F 心所致，表现出明显的各向异性。

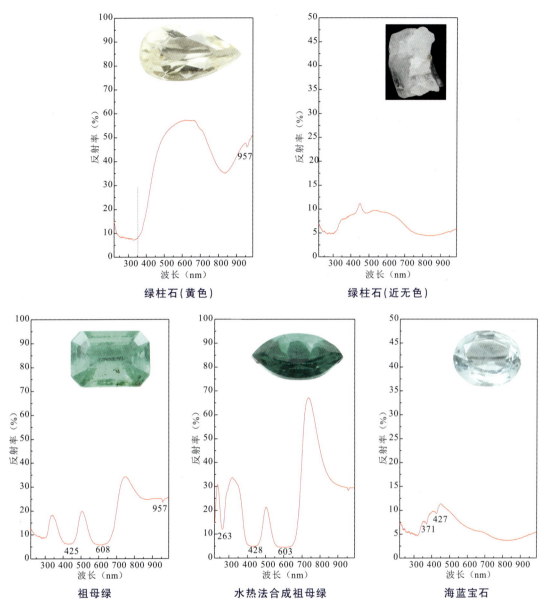

绿柱石(黄色)　　　绿柱石(近无色)

祖母绿　　　水热法合成祖母绿　　　海蓝宝石

祖母绿样品中可见425nm、608nm附近吸收带,主要与Cr^{3+}的d-d电子跃迁有关。与天然祖母绿相比,水热法合成祖母绿样品在253nm附近存在263nm附近吸收峰,具体原因尚待进一步的研究。

海蓝宝石样品可见371nm、427nm吸收峰,是由Fe^{3+}的d电子自旋允许跃迁所致。

三、拉曼光谱

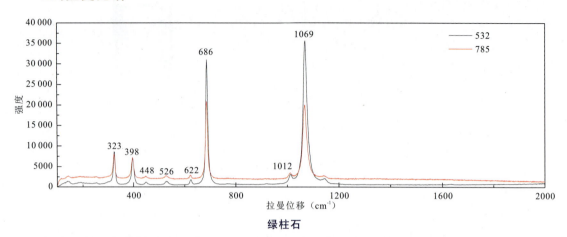

绿柱石

绿柱石样品的拉曼峰主要位于 323cm^{-1}、398cm^{-1}、686cm^{-1}、1012cm^{-1}、1069cm^{-1} 处,其中 323cm^{-1} 为晶格振动,398cm^{-1} 属于 Al—O 弯曲振动,686cm^{-1} 属于 Si—O—Si 弯曲振动,1012cm^{-1} 属于 Be—O 伸缩振动,1069cm^{-1} 应归属为环内 Si—O 伸缩振动。

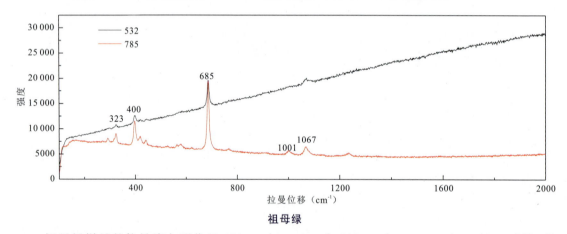

祖母绿

祖母绿样品的拉曼峰主要位于 323cm^{-1}、400cm^{-1}、685cm^{-1}、1001cm^{-1}、1067cm^{-1} 处,其中 323cm^{-1} 为晶格振动,400cm^{-1} 属于 Al—O 弯曲振动,685cm^{-1} 属于 Si—O—Si 弯曲振动,1001cm^{-1} 属于 Be—O 伸缩振动,1067cm^{-1} 应归属为环内 Si—O 伸缩振动。

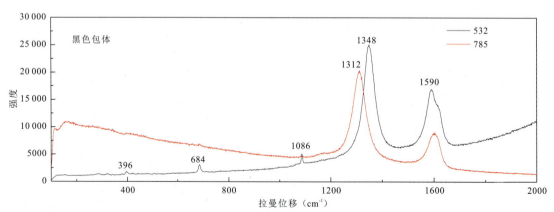

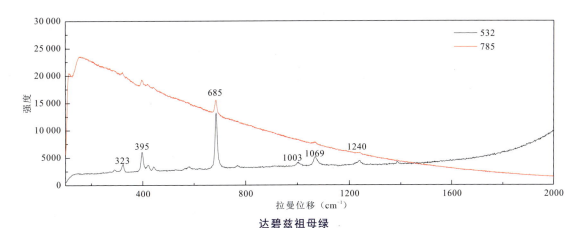
达碧兹祖母绿

达碧兹祖母绿基底显示祖母绿的拉曼组合峰,黑色炭质包体显示 $1312cm^{-1}$ 或 $1348cm^{-1}$ 和 $1590cm^{-1}$ 拉曼峰。

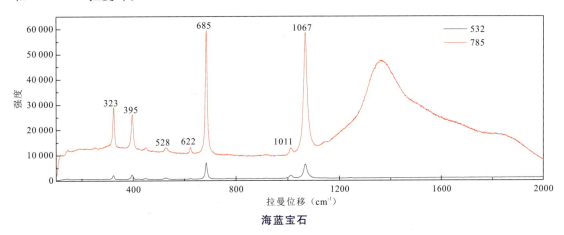
海蓝宝石

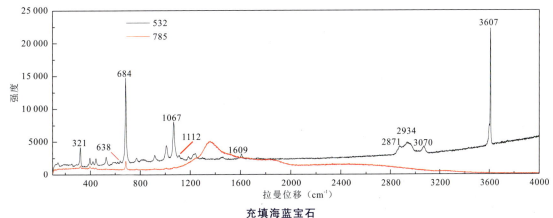
充填海蓝宝石

海蓝宝石样品的拉曼峰主要位于 $323cm^{-1}$、$395cm^{-1}$、$685cm^{-1}$、$1067cm^{-1}$ 处,其中 $323cm^{-1}$ 为晶格振动,$395cm^{-1}$ 为 Al—O 弯曲振动,$685cm^{-1}$ 为 Si—O—Si 弯曲振动,$1067cm^{-1}$ 应归属为环内 Si—O 伸缩振动。充填海蓝宝石裂隙处不仅显示海蓝宝石的特征拉曼峰,还可见 $638cm^{-1}$、$1112cm^{-1}$、$1609cm^{-1}$ 等充填胶的特征组合峰。

碧玺（Tourmaline）

$(Na,K,Ca)(Al,Fe,Li,Mg,Mn)_3(Al,Cr,Fe,V)_6(BO_3)_3(Si_6O_{18})(OH,F)_4$

一、红外光谱

1. 反射光谱

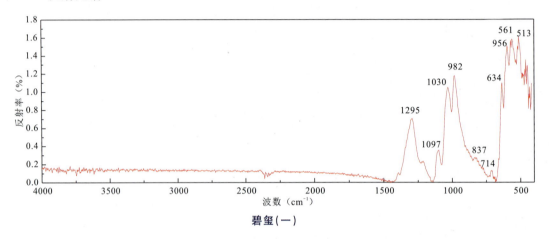

碧玺（一）

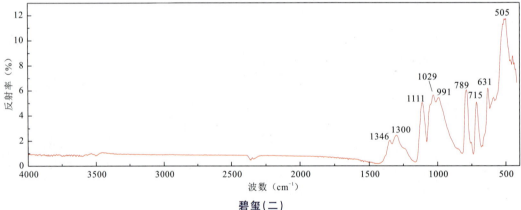

碧玺（二）

碧玺样品往往出现以上"两种"红外反射光谱，与碧玺不同结晶方向红外光谱存在较大差异有关。其中 $1346cm^{-1}$、$1300(1295)cm^{-1}$ 归属于 $[BO_3]^{3-}$ 振动，$513cm^{-1}$、$505cm^{-1}$ 也由 $[BO_3]^{3-}$ 振动引起，$1111cm^{-1}$、$1030(1029)cm^{-1}$、$991(982)cm^{-1}$ 归属于 O—Si—O 振动，$837cm^{-1}$、$789cm^{-1}$、$714(715)cm^{-1}$ 归属于 Si—O—Si 振动。

2. 透射光谱

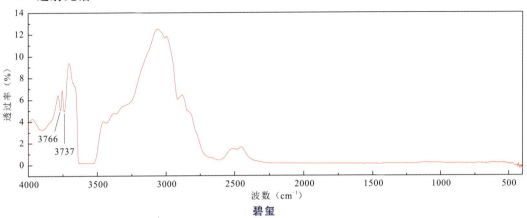

碧玺

碧玺的红外透射光谱中，3000～3800cm^{-1}区域红外吸收与OH^-相关。

二、紫外-可见光谱

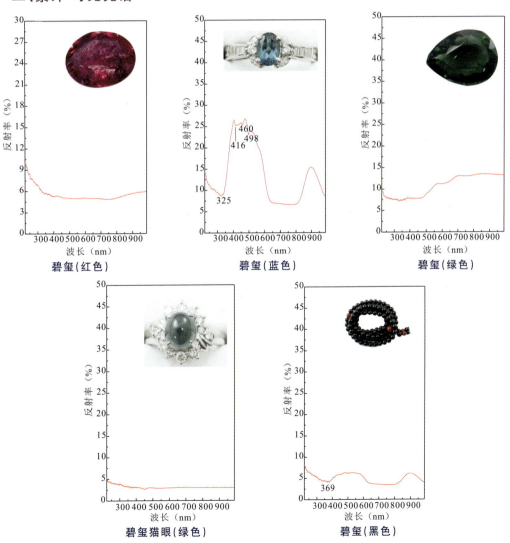

碧玺(红色)　　碧玺(蓝色)　　碧玺(绿色)

碧玺猫眼(绿色)　　碧玺(黑色)

由于采用反射法测试,高透明度的碧玺反射的光线较少,未呈现明显的谱线特征。蓝色碧玺样品可见 325nm、416nm、460nm、498nm 吸收峰及 650～800nm 宽吸收带。黑色碧玺可见 369nm 附近吸收峰及 650～800nm 宽吸收带。

三、拉曼光谱

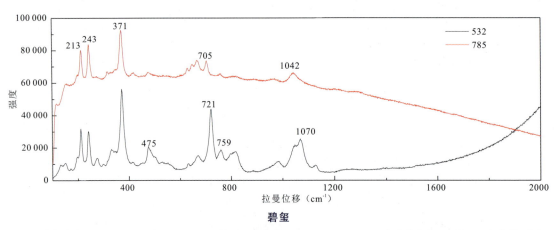

碧玺

碧玺样品的拉曼光谱中,Si—O 伸缩振动位于 1000～1200cm^{-1} 范围,环的反对称伸缩振动位于 960～1000cm^{-1} 及 600～700cm^{-1} 范围,环的两个对称伸缩振动位于 400～570cm^{-1} 范围,环的弯曲振动位于 200～380cm^{-1} 范围。

堇青石(Iolite)

$$Mg_2Al_4Si_5O_{18}$$

一、红外光谱

1. 反射光谱

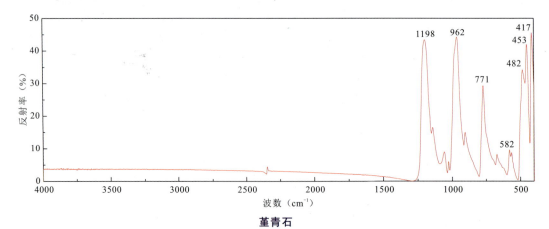

堇青石

堇青石样品的红外反射图谱中,主要可见 1198cm^{-1}、962cm^{-1}、771cm^{-1}、582cm^{-1}、482cm^{-1} 等典型红外峰。

2. 透射光谱

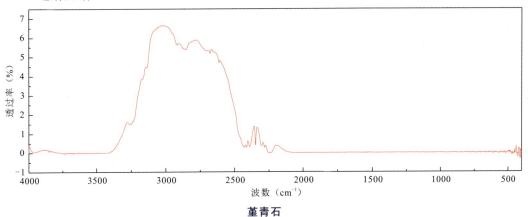

堇青石

二、紫外-可见光谱

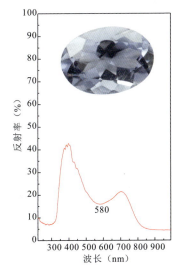

堇青石

堇青石的紫外-可见光谱中，370~450nm 可见四个弱吸收峰，580nm 附近可见宽吸收带。

三、拉曼光谱

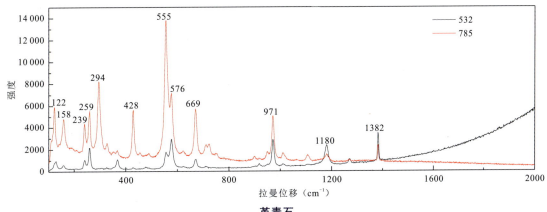

堇青石

堇青石的拉曼光谱中，1180cm^{-1}、971cm^{-1}归属于Si—O的伸缩振动，669cm^{-1}、555cm^{-1}归属于Si—O的弯曲振动，428cm^{-1}归属于Mg—O的弯曲振动，294cm^{-1}、239cm^{-1}归属于金属离子键性质的M—O伸缩振动及其与Si—O—Si弯曲振动的耦合振动。

斧石（Axinite）

$$Ca_4(Mn,Fe,Mg)_2Al_4B_2(Si_2O_7)_2O_2(OH)_2$$

一、红外反射光谱

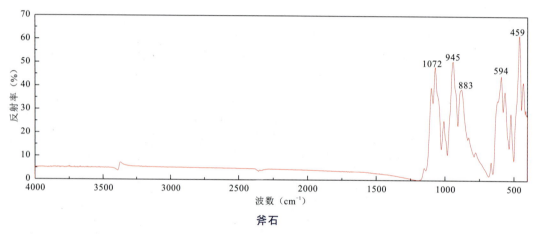

斧石

斧石的红外反射光谱具有典型的1072cm^{-1}、945cm^{-1}、883cm^{-1}、594cm^{-1}、459cm^{-1}等红外峰。

二、紫外-可见光谱

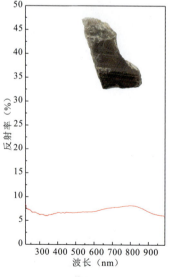

斧石

紫外-可见光谱中，斧石样品未显示明显的吸收峰。

三、拉曼光谱

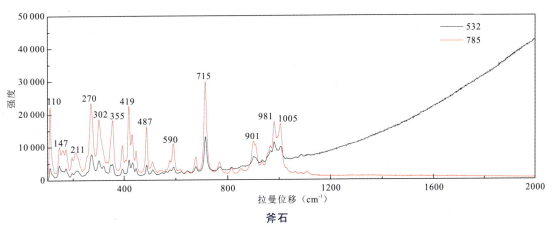

斧石

拉曼光谱中，斧石样品具有 $1005cm^{-1}$、$981cm^{-1}$、$715cm^{-1}$、$419cm^{-1}$、$270cm^{-1}$ 等特征拉曼峰。

蓝柱石（Euclase）

$BeAlSiO_4(OH)$

一、红外光谱

1. 反射光谱

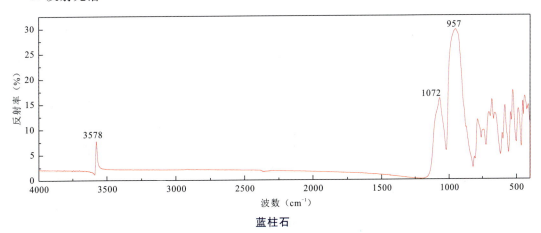

蓝柱石

红外反射光谱中，蓝柱石样品显示 $3578cm^{-1}$、$1072cm^{-1}$、$957cm^{-1}$ 等典型红外峰，其中 $3578cm^{-1}$ 归属于 C—H 的伸缩振动，$1072cm^{-1}$、$957cm^{-1}$ 与 Si—O 伸缩振动有关。

2. 透射光谱

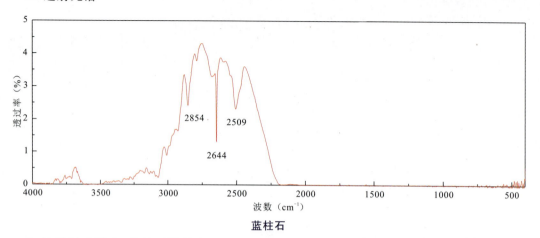

蓝柱石

红外透射光谱中,蓝柱石样品在 2000～3000 cm^{-1} 区域内的吸收峰与 OH^- 有关。

二、紫外-可见光谱

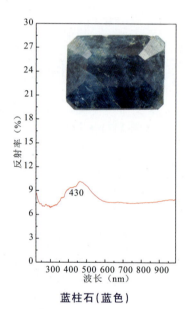

蓝柱石(蓝色)

紫外-可见光谱中,蓝色的蓝柱石样品可见 430nm 附近弱吸收,以 450nm 为中心反射峰与其体色相对应。

三、拉曼光谱

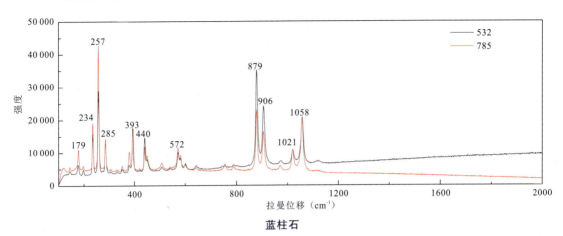

蓝柱石

蓝柱石样品的拉曼光谱中,可见 $179cm^{-1}$、$234cm^{-1}$、$257cm^{-1}$、$285cm^{-1}$、$393cm^{-1}$、$440cm^{-1}$、$572cm^{-1}$、$879cm^{-1}$、$906cm^{-1}$、$1021cm^{-1}$、$1058cm^{-1}$ 等典型拉曼峰。

柱晶石(Kornerupine)

$$Mg_3Al_6(Si,Al,B)_5O_{21}(OH)$$

一、红外光谱

1. 反射光谱

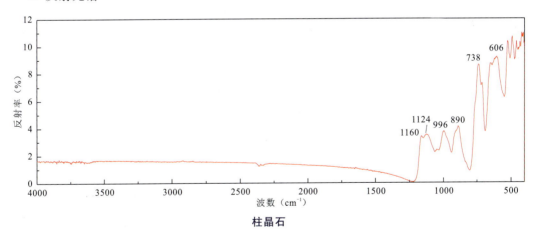

柱晶石

红外反射光谱中,柱晶石样品可见 $1160cm^{-1}$、$1124cm^{-1}$、$996cm^{-1}$、$890cm^{-1}$、$738cm^{-1}$、$606cm^{-1}$ 等典型红外峰。

2. 透射光谱

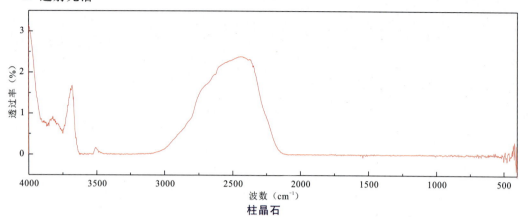

柱晶石

二、紫外-可见光谱

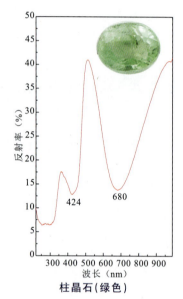

柱晶石（绿色）

紫外-可见光谱中，绿色柱晶石样品可见424nm、680nm吸收带。

三、拉曼光谱

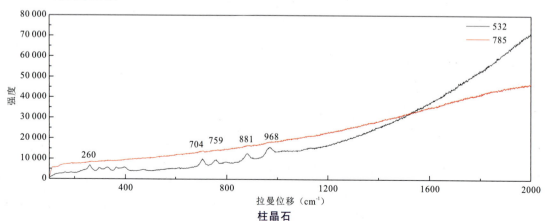

柱晶石

柱晶石样品的拉曼光谱中,968cm^{-1}、759cm^{-1}、704cm^{-1}归属于 Si—O—Si 和 Si—O—Al 伸缩振动,881cm^{-1}与其中的 B 有关。

葡萄石(Prehnite)

$$Ca_2Al(AlSi_3O_{10})(OH)_2$$

一、红外反射光谱

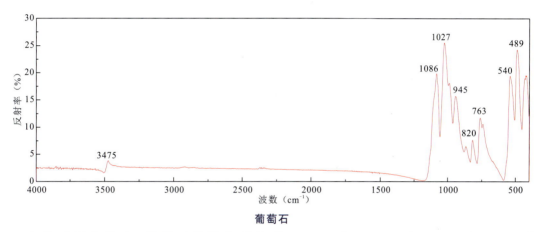

葡萄石

红外反射光谱中,葡萄石样品主要显示 1086cm^{-1}、1027cm^{-1}、945cm^{-1}、820cm^{-1}、763cm^{-1}、540cm^{-1}、489cm^{-1}等典型红外峰。

二、紫外-可见光谱

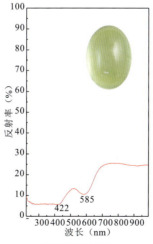

葡萄石(绿色)

紫外-可见光谱中,绿色葡萄石样品在 585nm 处可见明显吸收,250～420nm 区域存在宽吸收带。

三、拉曼光谱

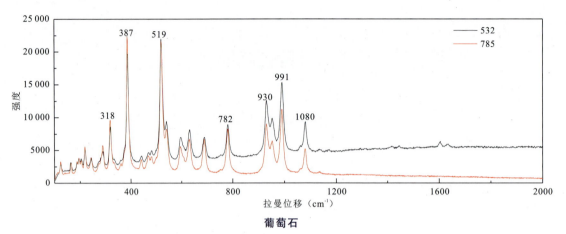

葡萄石

拉曼光谱中,葡萄石样品可见 $318cm^{-1}$、$387cm^{-1}$、$519cm^{-1}$、$782cm^{-1}$、$930cm^{-1}$、$991cm^{-1}$、$1080cm^{-1}$ 等处明显拉曼峰。

云母(Mica)

$$X\{Y_{2-3}[Z_4O_{10}](OH)_2\}$$

一、红外反射光谱

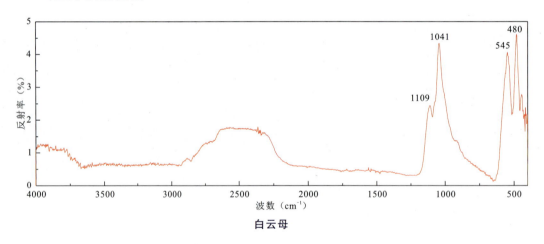

白云母

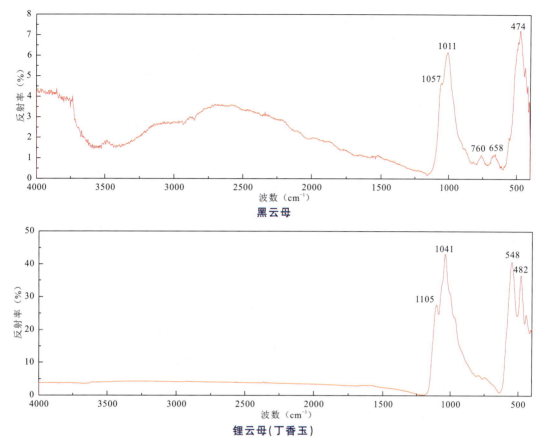

黑云母

锂云母(丁香玉)

红外反射光谱中,白云母样品可见 $1109cm^{-1}$、$1041cm^{-1}$、$545cm^{-1}$、$480cm^{-1}$、$443cm^{-1}$ 等典型红外峰,黑云母样品可见 $1057cm^{-1}$、$1011cm^{-1}$、$474cm^{-1}$ 等典型红外峰,锂云母样品可见 $1105cm^{-1}$、$1041cm^{-1}$、$548cm^{-1}$、$482cm^{-1}$ 等典型红外峰。

二、紫外-可见光谱

白云母

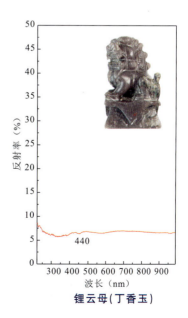

锂云母(丁香玉)

白云母样品在可见光区域(380～780nm)内无明显吸收峰,呈现较为接近的高反射率,与样品白色体色的特征一致。

锂云母样品的紫外-可见光谱线整体呈现较低的反射率,与样品较暗的体色相对应。440nm处的弱吸收峰可能与样品中的Fe有关。

三、拉曼光谱

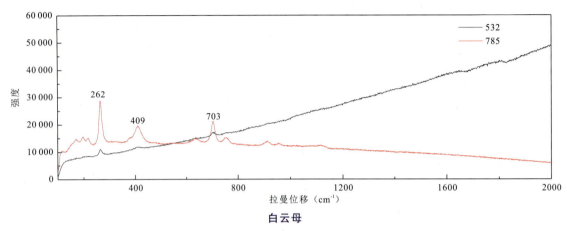

白云母

白云母样品的拉曼光谱中,主要可见 $262cm^{-1}$、$409cm^{-1}$、$703cm^{-1}$ 三个拉曼峰,其中 $703cm^{-1}$ 由 Si—O—Si 的伸缩和弯曲振动所致,$409cm^{-1}$、$262cm^{-1}$ 由阳离子-氧多面体振动引起。

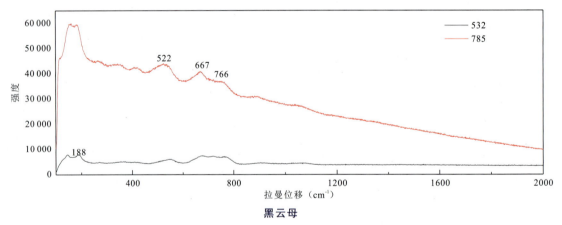

黑云母

黑云母样品的拉曼光谱中,主要可见 $188cm^{-1}$、$522cm^{-1}$、$667cm^{-1}$、$766cm^{-1}$ 附近的拉曼峰。

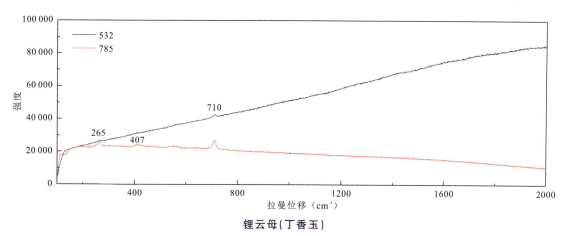

锂云母(丁香玉)

锂云母(丁香玉)样品的拉曼光谱中,主要可见 265cm^{-1}、407cm^{-1}、710cm^{-1} 三个拉曼峰,其中 710cm^{-1} 由 Si—O—Si 的伸缩和弯曲振动所致,407cm^{-1}、265cm^{-1} 由阳离子-氧多面体振动引起。当 532nm 为激发光源时,锂云母具有较强的荧光背景,未见明显 265cm^{-1}、407cm^{-1} 拉曼峰。

鱼眼石(Apophyllite)

$$KCa_4Si_8O_{20}(F,OH)\cdot 8H_2O$$

一、红外反射光谱

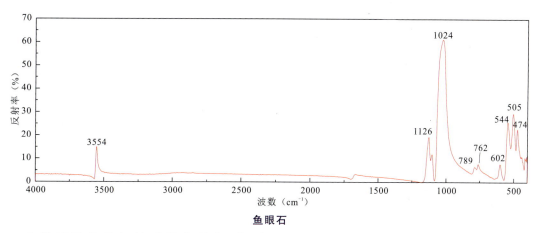

鱼眼石

鱼眼石样品的红外反射光谱中,主要显示 474cm^{-1}、505cm^{-1}、544cm^{-1}、602cm^{-1}、762cm^{-1}、789cm^{-1}、1024cm^{-1}、1126cm^{-1} 等典型红外峰。

二、紫外-可见光谱

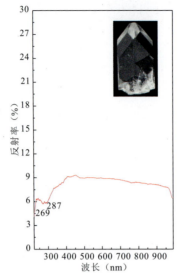

鱼眼石(无色)

无色鱼眼石样品的紫外-可见光谱中，220～990nm 区域内的反射率普遍较低，269nm、287nm 附近为弱吸收带。

三、拉曼光谱

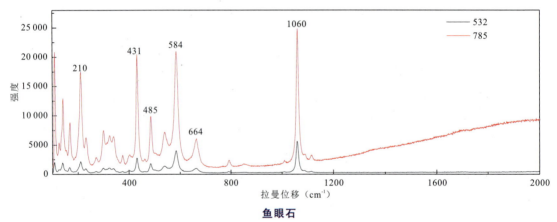

鱼眼石

拉曼光谱中，鱼眼石样品可见 431cm^{-1}、584cm^{-1}、1060cm^{-1} 等拉曼特征峰。

滑石（Talc）

$$Mg_3Si_4O_{10}(OH)_2$$

一、红外反射光谱

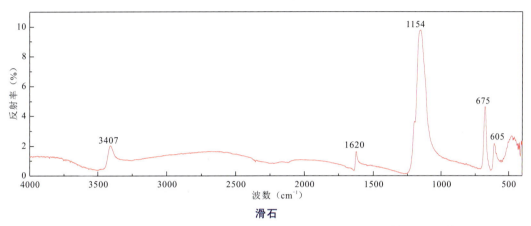

滑石

红外反射光谱中，滑石样品可见 $3407cm^{-1}$、$1154cm^{-1}$、$675cm^{-1}$ 等典型红外峰。

二、紫外-可见光谱

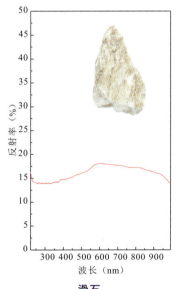

滑石

紫外-可见光谱中，滑石样品未显示明显的吸收。

三、拉曼光谱

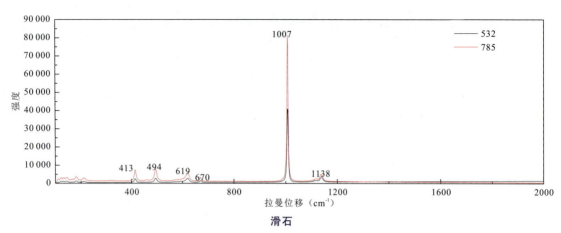

滑石

滑石的拉曼光谱具有 $1007cm^{-1}$ 特征强峰，还有 $413cm^{-1}$、$494cm^{-1}$、$619cm^{-1}$ 等弱拉曼峰。

矽线石（Sillimanite）

Al_2SiO_5

一、红外光谱

1. 反射光谱

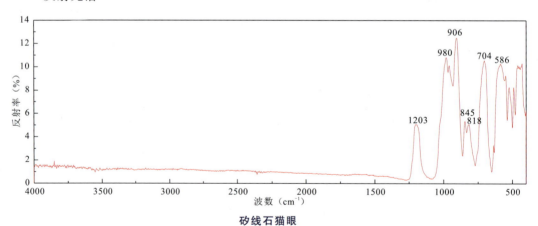

矽线石猫眼

红外反射光谱中，矽线石样品具有 $1203cm^{-1}$、$980cm^{-1}$、$906cm^{-1}$、$845cm^{-1}$、$818cm^{-1}$、$704cm^{-1}$、$586cm^{-1}$ 等典型红外峰。

2. 透射光谱

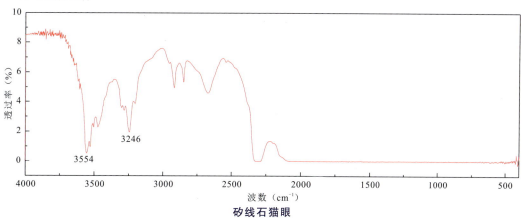
矽线石猫眼

红外透射光谱中,矽线石猫眼显示 $3554cm^{-1}$、$3246cm^{-1}$ 吸收峰。

二、紫外-可见光谱

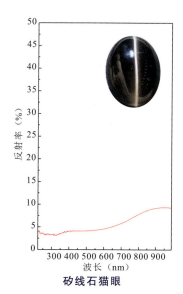
矽线石猫眼

紫外-可见光谱中,矽线石猫眼样品未显示明显特征吸收。

三、拉曼光谱

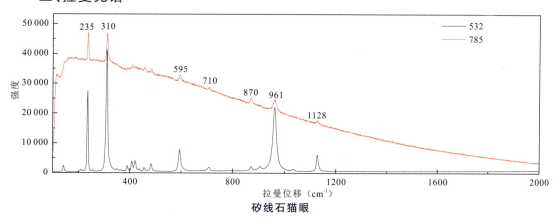
矽线石猫眼

矽线石拉曼光谱中，142cm^{-1}、235cm^{-1}为Al^{IV}和Si的摇摆振动（142cm^{-1}为沿a轴方向摆动，235cm^{-1}为沿c轴方向摆动）所致。595cm^{-1}为Si—O—Al^{IV}中Si—O$_{nb}$（非桥氧）之间的对称弯曲振动。710cm^{-1}归属于Al^{IV}—O之间的对称伸缩振动，870cm^{-1}是Si—O$_{nb}$（非桥氧）的对称伸缩振动。961cm^{-1}是[SiO$_4$]$^{4-}$中Si分别与两个Al^{IV}相连接的O的伸缩振动。

锂辉石（Spodumene）

$$LiAlSi_2O_6$$

一、红外反射光谱

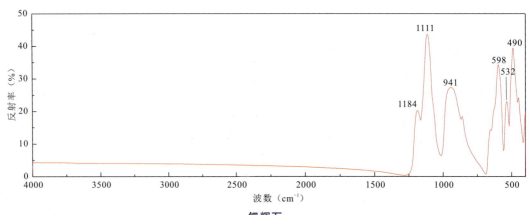

锂辉石

红外反射光谱中，锂辉石样品可见490cm^{-1}、532cm^{-1}、598cm^{-1}、941cm^{-1}、1111cm^{-1}、1184cm^{-1}等典型红外峰。

二、紫外-可见光谱

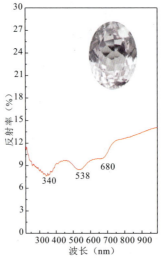

锂辉石（粉紫色）

紫外-可见光谱中，锂辉石样品显示340nm、538nm、680nm附近宽吸收带。

三、拉曼光谱

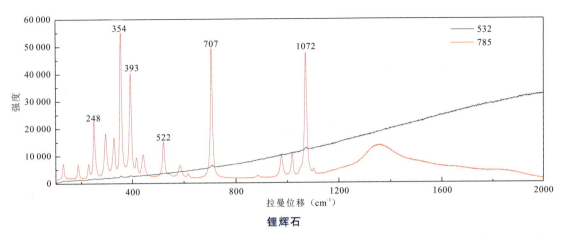

锂辉石

使用785nm激光作为激发光源时,锂辉石样品的拉曼光谱中可见$248cm^{-1}$、$354cm^{-1}$、$393cm^{-1}$、$522cm^{-1}$、$707cm^{-1}$、$1072cm^{-1}$拉曼峰。使用532nm激光作为激发光源时,锂辉石样品具有很强的荧光背景,仅在$354cm^{-1}$、$393cm^{-1}$、$707cm^{-1}$、$1072cm^{-1}$处显示相对强度较弱的拉曼峰。

透辉石(Diopside)

$$CaMgSi_2O_6$$

一、红外光谱

1. 反射光谱

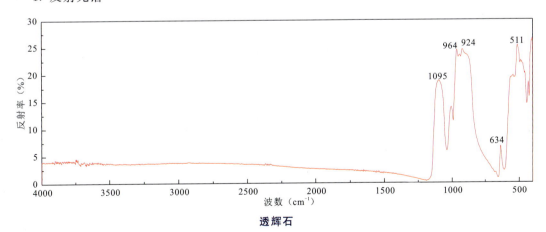

透辉石

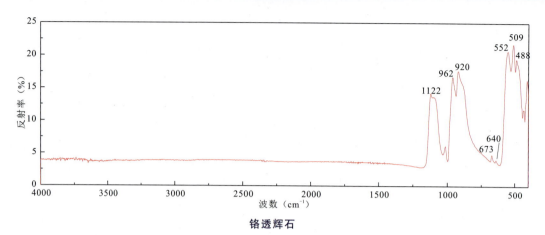

铬透辉石

铬透辉石样品的红外反射光谱中,850~1122cm^{-1}范围内920cm^{-1}、962cm^{-1}、1122cm^{-1}吸收谱带最强,为Si—O振动,分别指派为Si—O—Si反对称伸缩振动,O—Si—O反对称伸缩振动及O—Si—O对称伸缩振动。600~750cm^{-1}范围的673cm^{-1}、640cm^{-1}吸收谱带也为Si—O振动,但强度较弱,为Si—O—Si对称伸缩振动。300~633cm^{-1}范围的552cm^{-1}、509cm^{-1}、488cm^{-1}吸收谱带为Si—O弯曲振动和M—O伸缩振动。

2. 透射光谱

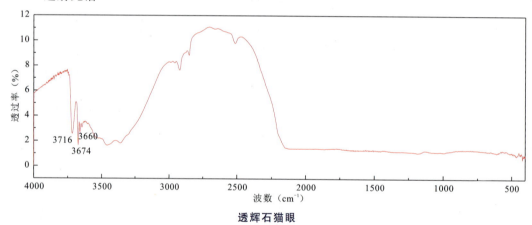

透辉石猫眼

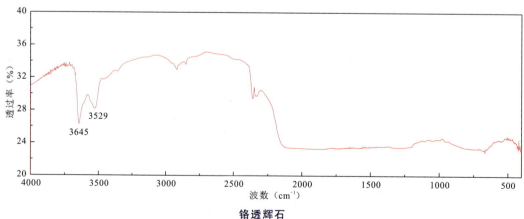

铬透辉石

透辉石猫眼及铬透辉石红外透射光谱在3600cm^{-1}附近吸收,归属为OH振动吸收。

二、紫外-可见光谱

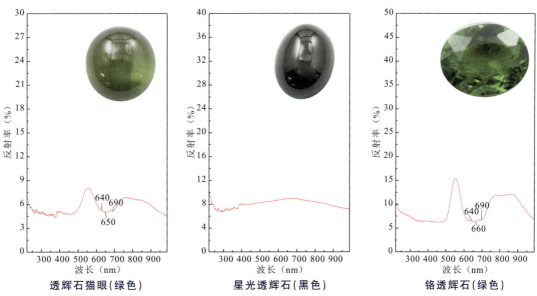

透辉石猫眼（绿色）　　　星光透辉石（黑色）　　　铬透辉石（绿色）

绿色透辉石猫眼及绿色铬透辉石的吸收主要在640nm、650nm、690nm（由Cr导致）处。黑色星光透辉石体色较深，在可见光区域普遍呈现较低的反射率。

三、拉曼光谱

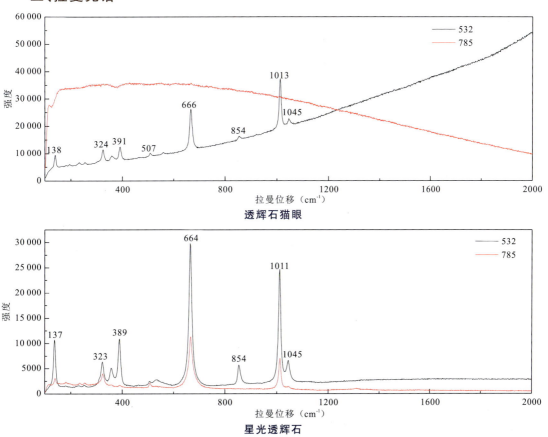

透辉石猫眼

星光透辉石

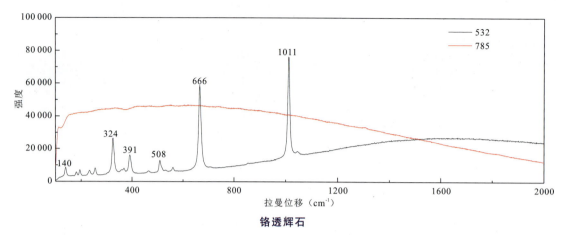

铬透辉石

透辉石样品具有 $1011cm^{-1}$、$666cm^{-1}$、$508cm^{-1}$、$391cm^{-1}$、$324cm^{-1}$、$140cm^{-1}$ 特征拉曼峰，其中 $1011cm^{-1}$ 归属于 Si—O 对称伸缩，$666cm^{-1}$ 归属于 Si—O—Si，$508cm^{-1}$ 归属于 M—O 伸缩振动和 Si—O—Si 弯曲振动耦合谱带，$391cm^{-1}$ 归属于 M—O 弯曲振动，$324cm^{-1}$ 归属于 M—O 弯曲振动。

顽火辉石（Enstatite）

$$(Mg,Fe)_2Si_2O_6$$

一、红外光谱

1. 反射光谱

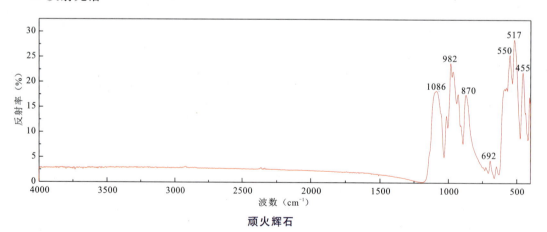

顽火辉石

顽火辉石的红外反射光谱可分为三个区，$850\sim1100cm^{-1}$ 为 Si—O 振动吸收区，有 4～6 个吸收带，属 Si—O—Si 和 O—Si—O 的对称和反对称伸缩振动，频率主要分布在 $1086cm^{-1}$、$982cm^{-1}$、$870cm^{-1}$；$600\sim750cm^{-1}$ 吸收区，属 Si—O—Si 的伸缩振动；$400\sim600cm^{-1}$ 强吸收区，表现为辉石族矿物的 Si—O 弯曲振动与 M—O 的伸缩振动，在此范围内吸收峰主要位于 $550cm^{-1}$、$517cm^{-1}$、$455cm^{-1}$。

2. 透射光谱

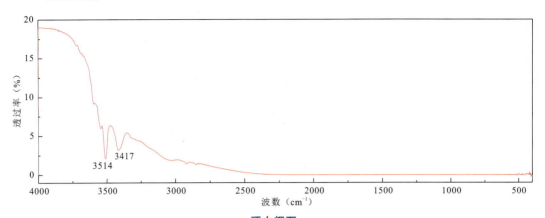

顽火辉石

顽火辉石样品的红外透射光谱具有 $3514cm^{-1}$、$3417cm^{-1}$ 吸收峰。

二、紫外-可见光谱

顽火辉石

紫外-可见光谱中，顽火辉石样品具有 452nm、505nm、550nm 吸收峰。

三、拉曼光谱

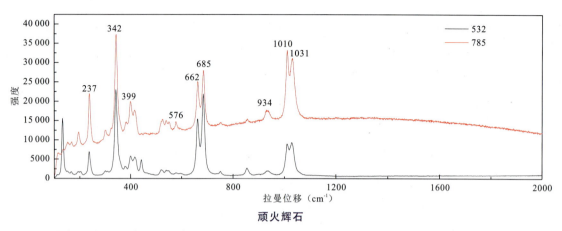

顽火辉石

顽火辉石样品的拉曼光谱中,$1031cm^{-1}$ 归属于 Si—O⁻ 反对称伸缩(B_{2g}),$1010cm^{-1}$ 归属于 Si—O⁻ 对称伸缩(A_g),$934cm^{-1}$ 归属于 Si—O⁰ 对称伸缩(A_g),$685cm^{-1}$ 归属于 Si—O—Si 对称伸缩(A_g),$662cm^{-1}$ 归属于 Si—O—Si 对称弯曲(B_{2g}),$576cm^{-1}$ 归属于 O—Si—O 弯曲振动(B_{1g}),$399cm^{-1}$ 归属于 M—O 弯曲振动(A_g),$342cm^{-1}$ 归属于 M—O 弯曲振动(A_g)。

绿辉石(Omphacite)

$$(Ca,Na)(Mg,Fe,Al)Si_2O_6$$

一、红外光谱

1. 反射光谱

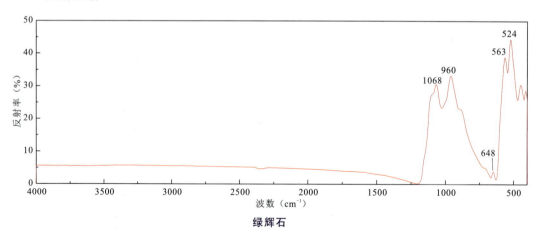

绿辉石

红外反射光谱中,绿辉石样品可见 $1068cm^{-1}$、$960cm^{-1}$、$648cm^{-1}$、$563cm^{-1}$、$524cm^{-1}$ 等典型红外峰。其中 $1068cm^{-1}$、$960cm^{-1}$ 归属于 Si—O 振动,$600\sim300cm^{-1}$ 范围内拉曼峰属 Si—O 弯曲振动与 M—O 伸缩振动。

2. 透射光谱

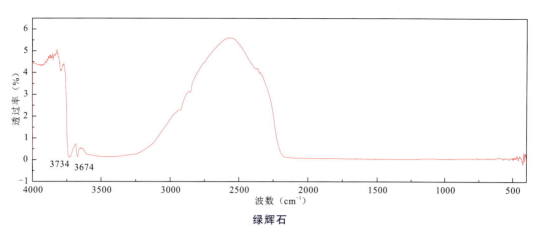

绿辉石

红外透射光谱中,绿辉石样品可见 3734cm^{-1}、3674cm^{-1} 等红外吸收峰。

二、紫外-可见光谱

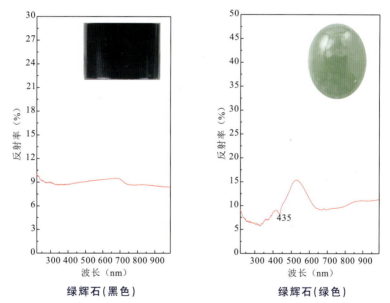

绿辉石(黑色)　　　　绿辉石(绿色)

紫外-可见光谱中,黑色的绿辉石样品在可见光区域内呈现较为平均的低反射率,与其外观颜色相对应。绿色绿辉石样品可见 435nm 吸收峰。

三、拉曼光谱

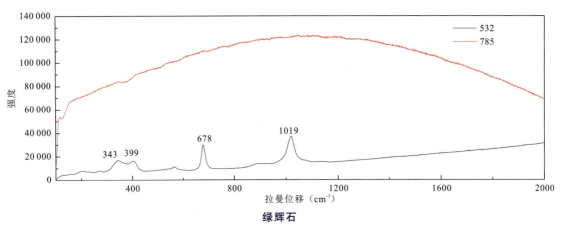

绿辉石

绿辉石的拉曼光谱中,可见343 cm^{-1}、399 cm^{-1}、678 cm^{-1}、1019 cm^{-1}等特征拉曼峰,其中678 cm^{-1}由[SiO$_4$]$^{4-}$四面体中Si—O—Si对称弯曲振动引起,1019 cm^{-1}归属于Si—O对称伸缩振动。

针钠钙石(Pectolite)

$$Na(Ca_{>0.5}Mn_{<0.5})_2[Si_3O_8(OH)]$$

一、红外反射光谱

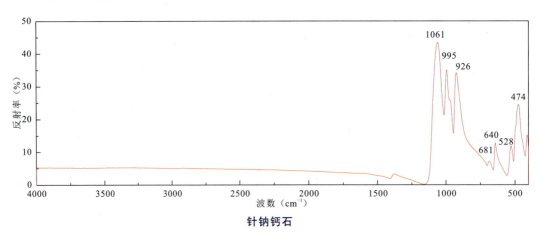

针钠钙石

针钠钙石样品的红外反射光谱中,1061 cm^{-1}、995 cm^{-1}、926 cm^{-1}归属于Si—O—Si不对称伸缩振动,681 cm^{-1}、640 cm^{-1}、528 cm^{-1}归属于Si—O—Si对称伸缩振动,474 cm^{-1}归属于Si—O—Si弯曲振动。

二、紫外-可见光谱

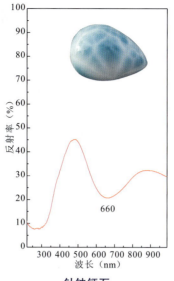

针钠钙石

紫外-可见光谱中,针钠钙石样品可见660nm宽吸收带,可能与Cu^{2+}的3d轨道发生能级分裂后电子的跃迁所致。

三、拉曼光谱

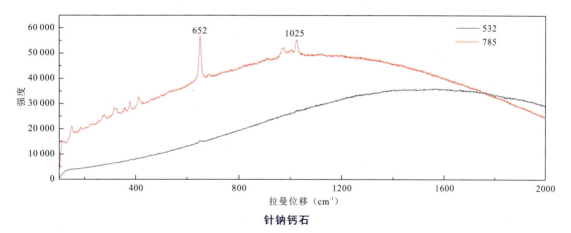

针钠钙石

针钠钙石的拉曼光谱中,$1025cm^{-1}$归属于Si—O伸缩振动,$652cm^{-1}$归属于Si—O—Si弯曲振动。

水晶（Rock Crystal）

SiO₂

一、红外光谱

1. 反射光谱

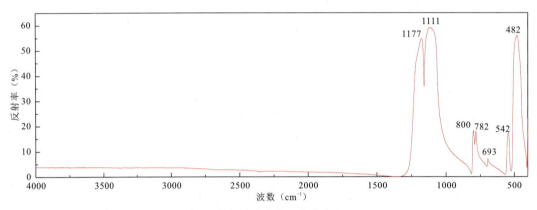

水晶（包括天然水晶和合成水晶）

红外反射光谱中，水晶显示 $900\sim1200 cm^{-1}$ 范围内的 Si—O 伸缩振动谱带，$800 cm^{-1}$、$782 cm^{-1}$ 附近 Si—O 对称伸缩振动峰。

2. 透射光谱

水晶晶体中含有 H_2O 或 OH^-，红外光谱中可见 $3200\sim3600 cm^{-1}$ 区域内的伸缩振动谱带。

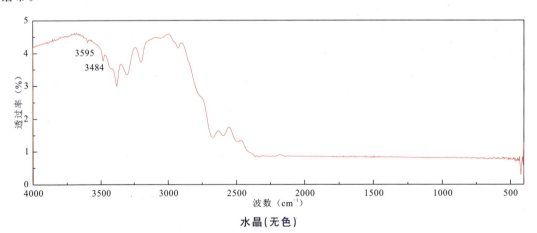

水晶（无色）

天然无色水晶可见 $3595 cm^{-1}$、$3484 cm^{-1}$ 附近特征吸收。

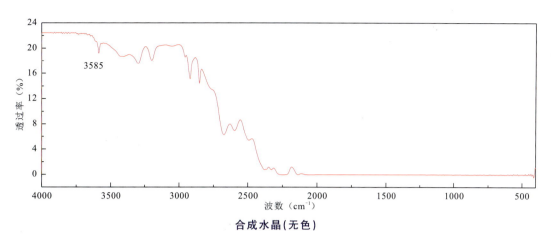

合成水晶(无色)

合成无色水晶可见 $3585cm^{-1}$ 附近特征吸收,缺失 $3595cm^{-1}$、$3483cm^{-1}$ 处的吸收。

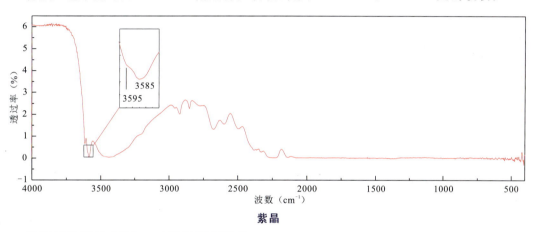

紫晶

天然紫晶可见 $3595cm^{-1}$ 附近特征吸收。

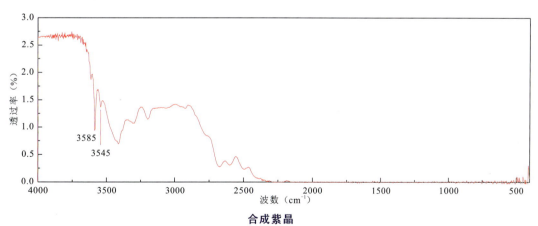

合成紫晶

合成紫晶常可见 $3545cm^{-1}$ 附近特征吸收,但部分合成紫晶也可缺失此峰。

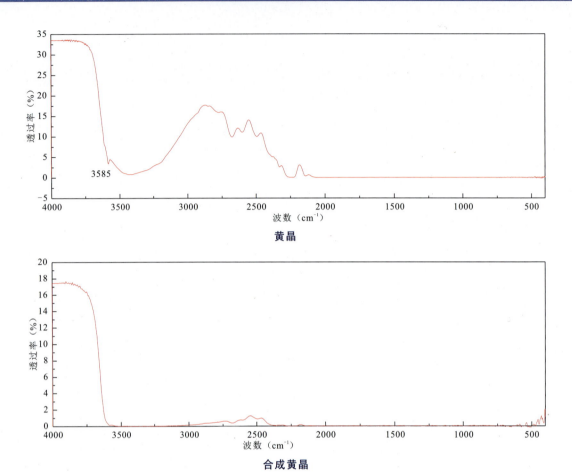

黄晶

合成黄晶

天然黄晶与合成黄晶的红外透射图谱大致相同,但合成黄晶在 2000～3000cm^{-1} 区域吸收相对弱且峰的数量少。

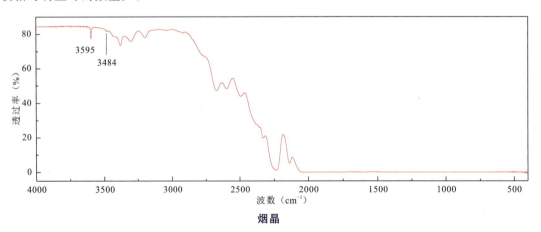

烟晶

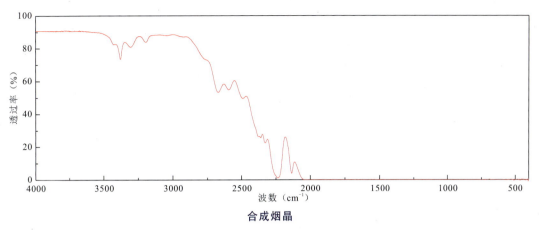

合成烟晶

与天然烟晶相比,合成烟晶的红外透射光谱中缺失 $3595cm^{-1}$、$3484cm^{-1}$ 附近特征吸收。

二、紫外-可见光谱

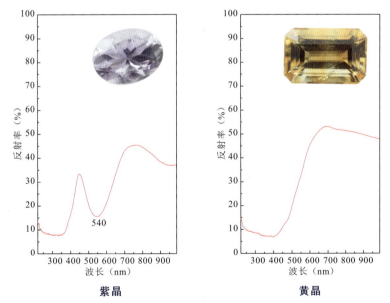

紫晶　　　　　　　　　　　黄晶

紫外-可见光谱中,紫晶可见 540nm 附近宽吸收带,与 $[FeO_4]^{4-}$ 色心的存在有关。

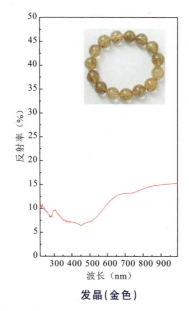

发晶(金色)

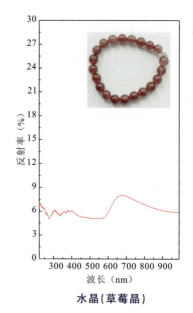

水晶(草莓晶)

三、拉曼光谱

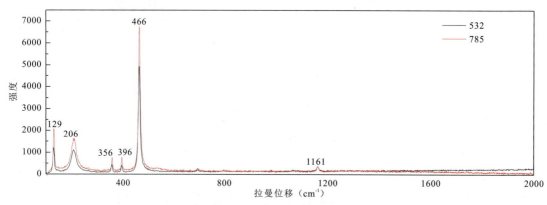

水晶(包括天然水晶和合成水晶)

  水晶的拉曼光谱中,$1000\sim1200cm^{-1}$ 内拉曼峰归属于 Si—O 非对称伸缩振动,$600\sim800cm^{-1}$ 内拉曼峰归属于 Si—O—Si 对称伸缩振动,$200\sim300cm^{-1}$ 内拉曼峰与硅氧四面体旋转振动或平移振动有关。$466cm^{-1}$ 附近强且尖锐的拉曼峰是由 α-石英钟 Si—O 对称弯曲振动引起,具有最强的光谱特征,具有鉴定意义。

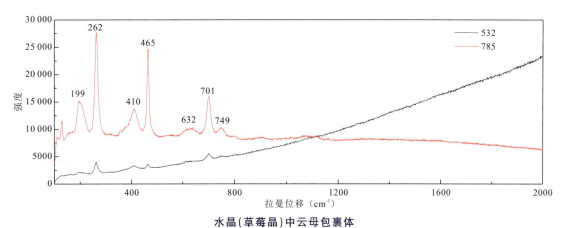

水晶(草莓晶)中云母包裹体

草莓晶的拉曼光谱中,云母包裹体主要显示 410cm^{-1}、632cm^{-1}、701cm^{-1}、749cm^{-1} 附近拉曼峰。

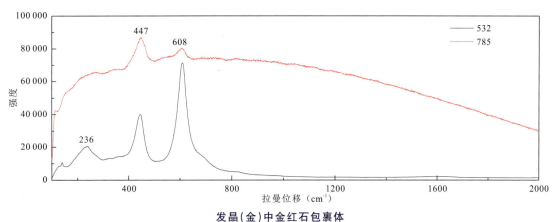

发晶(金)中金红石包裹体

金发晶的拉曼光谱中,金红石包裹体显示 236cm^{-1}(非基频振动模)、447cm^{-1}(E_g)、608cm^{-1}(A_{1g})拉曼峰。

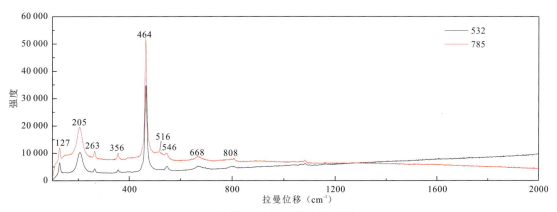

水晶(绿幽灵)中绿泥石包裹体

绿幽灵的拉曼光谱中,绿泥石包裹体显示 546cm^{-1}、668cm^{-1} 拉曼峰。

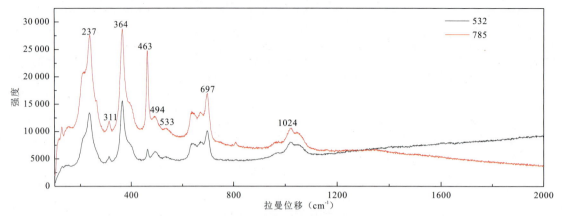

发晶(黑色)中电气石(碧玺)包裹体

黑发晶的拉曼光谱中,电气石(碧玺)包裹体显示 237cm^{-1}、311cm^{-1}、364cm^{-1}、494cm^{-1}、533cm^{-1}、697cm^{-1}、1024cm^{-1}附近拉曼峰。

月光石(Moonstone)

$$XAlSi_3O_8;X 为 Na、K$$

一、红外光谱

1. 反射光谱

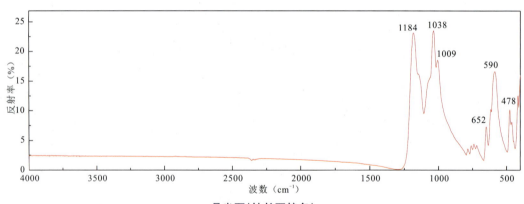

月光石(钠长石较多)

月光石(钠长石较多)样品的红外反射光谱中,900～1200cm^{-1}区域红外峰归属于[SiO$_4$]$^{4-}$的 Si—O 伸缩振动,700～800cm^{-1}区域内红外峰归属于[SiO$_4$]$^{4-}$的 Si—O 弯曲振动。

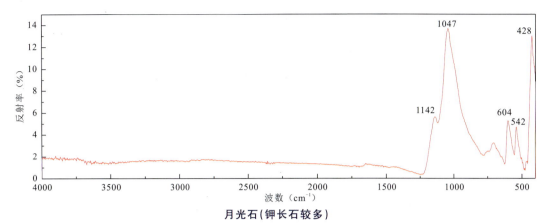
月光石（钾长石较多）

月光石（钾长石较多）样品的红外反射光谱中，主要可见 $1142cm^{-1}$、$1047cm^{-1}$、$604cm^{-1}$、$542cm^{-1}$、$428cm^{-1}$ 等典型红外峰。

2. 透射光谱

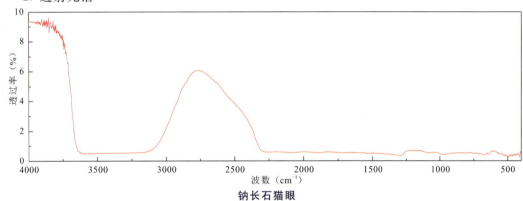
钠长石猫眼

红外透射光谱中，钠长石猫眼样品未显示典型的红外吸收峰。据文献报道，充填的钠长石可能出现 $4344cm^{-1}$、$4065cm^{-1}$、$3053cm^{-1}$、$3038cm^{-1}$ 等吸收峰。

二、紫外-可见光谱

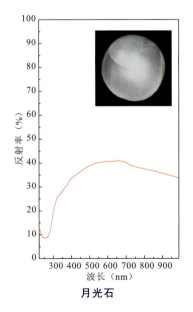
月光石

紫外-可见光谱中,月光石样品未见典型吸收峰。

三、拉曼光谱

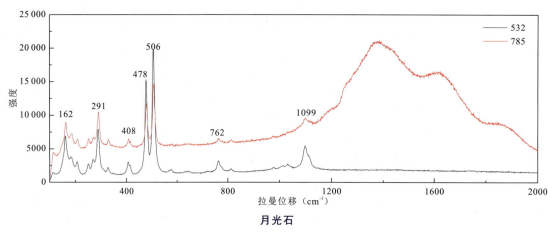

月光石

月光石样品的拉曼光谱中,478 cm^{-1}、506 cm^{-1}附近为最强的特征峰,600～1300 cm^{-1}区域内拉曼峰归属于Si—O伸缩振动,低于450 cm^{-1}的拉曼峰归属于晶格振动。

拉长石(Labradorite)

$XAlSi_3O_8$;X 为 Na、Ca

一、红外反射光谱

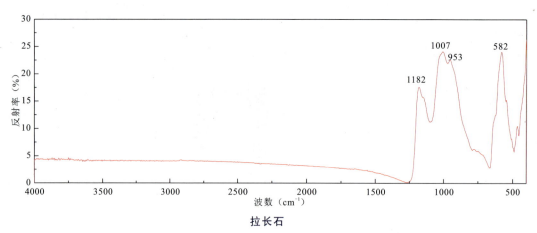

拉长石

拉长石样品的红外反射光谱中,主要可见1182 cm^{-1}、1007 cm^{-1}、953 cm^{-1}、582 cm^{-1}等典型红外峰。

二、紫外-可见光谱

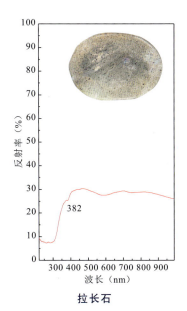

拉长石

紫外-可见光谱中，拉长石样品可见382nm弱吸收峰。

三、拉曼光谱

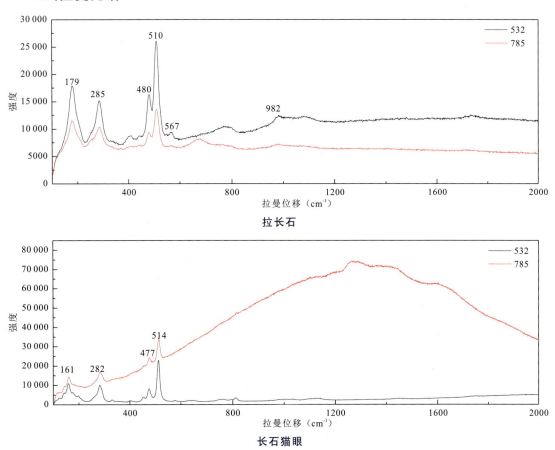

拉长石

长石猫眼

拉长石的拉曼光谱中，480cm^{-1}、510cm^{-1}附近为最强的特征峰，600～1300cm^{-1}区域内拉曼峰归属于Si—O伸缩振动，低于450cm^{-1}的拉曼峰归属于晶格振动。

天河石（Amazonite）

$$KAlSi_3O_8$$

一、红外反射光谱

1. 反射光谱

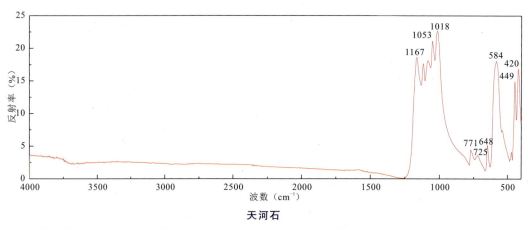

天河石

红外反射光谱中，天河石样品可见1167cm^{-1}、1053cm^{-1}、1018cm^{-1}、771cm^{-1}、648cm^{-1}、584cm^{-1}、449cm^{-1}、420cm^{-1}等典型红外峰。

2. 透射光谱

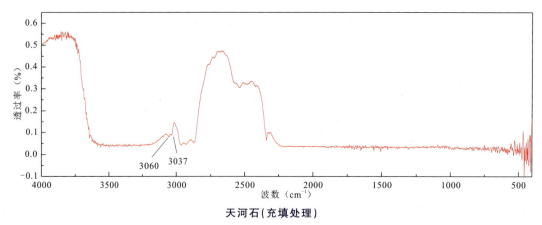

天河石（充填处理）

天河石（充填处理）样品的透射光谱中可见2800～3000cm^{-1}吸收峰及3060cm^{-1}、3037cm^{-1}附近双峰，是天河石经人工树脂充填的鉴定依据。

二、紫外-可见光谱

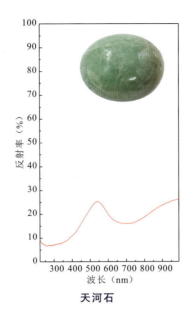

天河石

紫外-可见光谱中,天河石样品可见300nm、690nm附近宽吸收带。

三、拉曼光谱

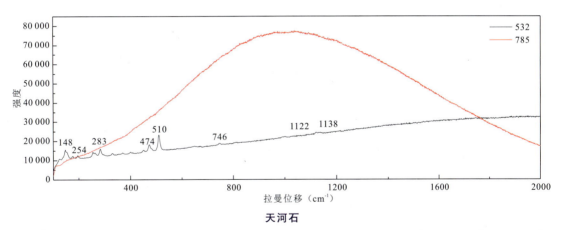

天河石

    天河石的拉曼光谱常见特征拉曼峰1138cm^{-1}、1122cm^{-1}、746cm^{-1}、510cm^{-1}、474cm^{-1}、283cm^{-1}、148cm^{-1}等,其中148cm^{-1}峰的成因未知。800~1200cm^{-1}区域内谱峰为Si—O_{nb}(非桥氧)对称伸缩振动引起的,其中不含Al—O振动;700~800cm^{-1}区间内出现的谱峰归属于Al—O_{nb}(非桥氧)的对称伸缩振动。

日光石(Sunstone)

$XAlSi_3O_8$;X 为 Na、K、Ca、Al

一、红外光谱

1. 反射光谱

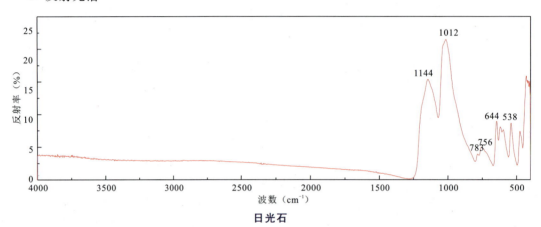

日光石

红外反射光谱中,日光石样品可见 $1144cm^{-1}$、$1012cm^{-1}$、$783cm^{-1}$、$756cm^{-1}$、$644cm^{-1}$、$538cm^{-1}$ 等附近典型红外峰。

2. 透射光谱

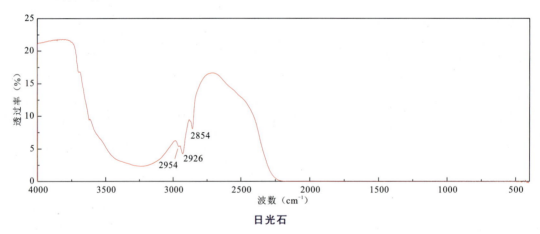

日光石

二、紫外-可见光谱

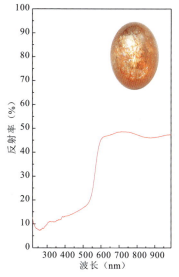

日光石

紫外-可见光谱中,日光石样品在550nm以上区域的反射率明显高于550nm以下的区域,使得样品整体呈现偏暖的色调。据文献报道,俄勒冈日光石存在380nm、420nm、450nm三处由Fe^{3+}造成的吸收峰。

三、拉曼光谱

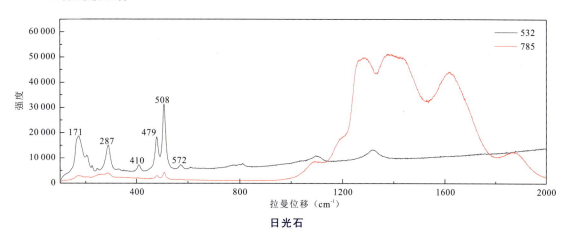

日光石

日光石的拉曼光谱中,508cm^{-1}归属于Si—O—Si弯曲振动,479cm^{-1}归属于Al—O—Al振动。

赛黄晶（Danburite）

$$CaB_2(SiO_4)_2$$

一、红外光谱

1. 反射光谱

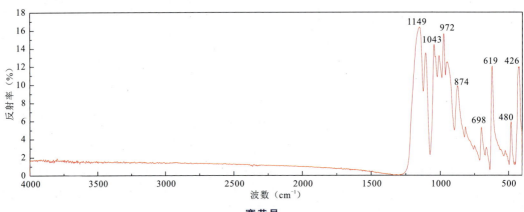

赛黄晶

赛黄晶样品的红外反射光谱中，可见 $1149cm^{-1}$、$1043cm^{-1}$、$972cm^{-1}$、$874cm^{-1}$、$698cm^{-1}$、$619cm^{-1}$、$480cm^{-1}$、$426cm^{-1}$ 等典型红外峰。

2. 透射光谱

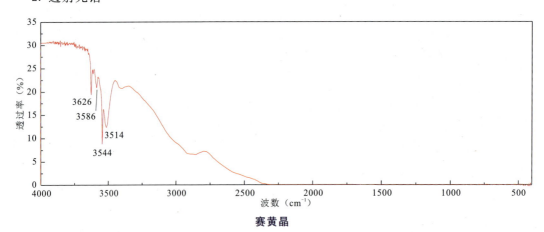

赛黄晶

赛黄晶样品的红外透射光谱中，$3000\sim3800cm^{-1}$ 区域内的吸收峰与水或 OH^- 的振动相关。

二、紫外-可见光谱

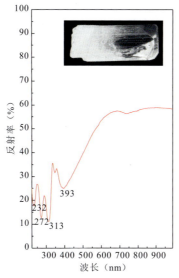

赛黄晶

赛黄晶样品的紫外-可见光谱中,紫外区域可见位于313nm、272nm 和232nm 附近的3个吸收峰,推测为稀土元素电子转移所致,393nm 吸收峰原因不明。部分赛黄晶样品可见与稀土元素有关的580nm 吸收峰。

三、拉曼光谱

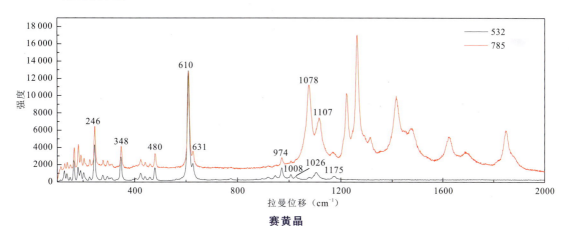

赛黄晶

赛黄晶的拉曼光谱中,$610cm^{-1}$ 及其肩峰 $631cm^{-1}$ 是由 B—O—Si 弯曲振动所致,而 $1026cm^{-1}$、$1008cm^{-1}$、$974cm^{-1}$ 由 Si—O—B 伸缩振动所致。$1175cm^{-1}$ 和 $1107cm^{-1}$ 源自 Si—O—Si 伸缩振动。$400\sim500cm^{-1}$ 区域内的拉曼峰归属于 Si—O—Si 弯曲振动,而更低频数的峰(包括 $348cm^{-1}$、$246cm^{-1}$、$166cm^{-1}$)与 Ca 元素替代、硼硅酸盐结构的扭转变形相关,可能是稀土元素替代 Ca 所引起的。

方柱石（Scapolite）

$$Na_4Al_3Si_9O_{24}Cl—Ca_4Al_6Si_6O_{24}(CO_3,SO_4)$$

一、红外光谱

1. 反射光谱

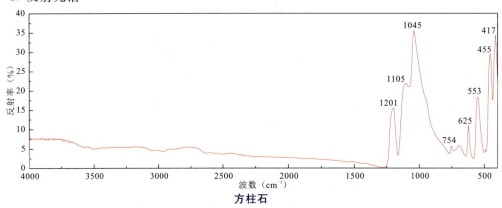

方柱石

方柱石红外反射光谱中，可见 $1201cm^{-1}$、$1105cm^{-1}$、$1045cm^{-1}$、$625cm^{-1}$、$553cm^{-1}$ 等典型红外峰。

2. 透射光谱

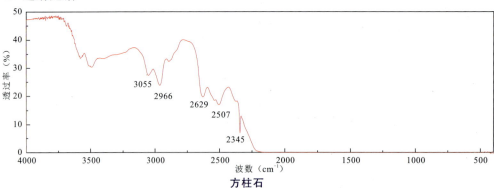

方柱石

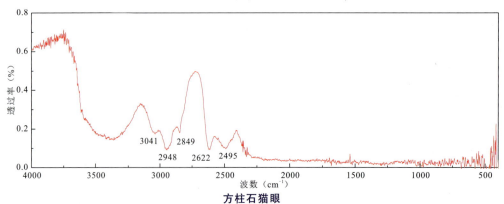

方柱石猫眼

方柱石及方柱石猫眼具有 3055cm^{-1}、2966cm^{-1}、2629cm^{-1}、2507cm^{-1} 位置附近的典型吸收峰。

二、紫外-可见光谱

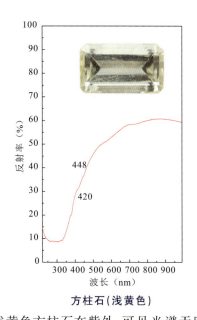

方柱石(浅黄色)　　　　　　　　方柱石猫眼(褐色)

浅黄色方柱石在紫外-可见光谱无明显吸收区域，仅在 420nm、448nm 附近有弱的吸收峰，与取代硅氧骨干中四面体 Al/Si 的 Fe^{3+} 有关。褐色样品无明显吸收光谱。

三、拉曼光谱

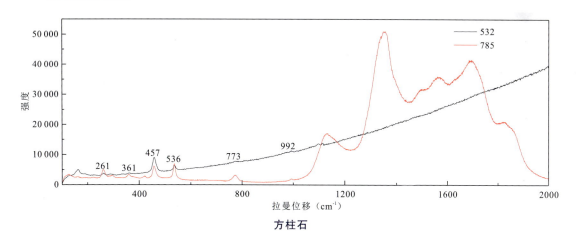

方柱石

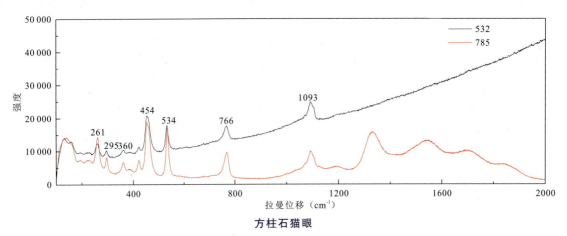

方柱石猫眼

方柱石的拉曼光谱具有 261cm^{-1}、361cm^{-1}、457cm^{-1}、536cm^{-1}、773cm^{-1} 等典型拉曼峰。

方钠石（Sodalite）

$$Na_8Al_6Si_6O_{24}Cl_2$$

一、红外光谱

1. 反射光谱

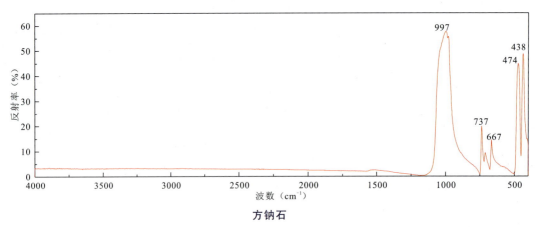

方钠石

方钠石的红外反射光谱中，可见 997cm^{-1}、737cm^{-1}、474cm^{-1}、438cm^{-1} 等典型红外峰。

2. 透射光谱

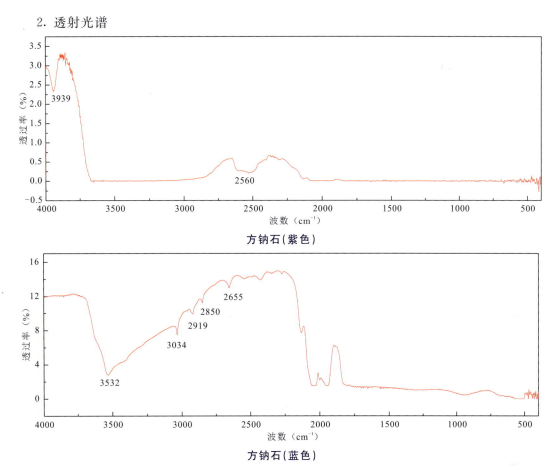

方钠石(紫色)

方钠石(蓝色)

红外透射光谱中,紫色方钠石可见 3939cm^{-1} 吸收峰、2560cm^{-1} 吸收带,蓝色方钠石可见 3532cm^{-1}、3034cm^{-1}、2919cm^{-1}、2850cm^{-1}、2655cm^{-1} 等处明显吸收。

二、紫外-可见光谱

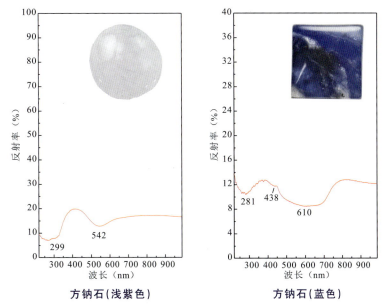

方钠石(浅紫色)　　　方钠石(蓝色)

紫外-可见光谱中，浅紫色的方钠石具有 299nm、542nm 处的吸收带，蓝色方钠石可见 281nm、610nm 吸收带及 438nm 弱吸收峰。

三、拉曼光谱

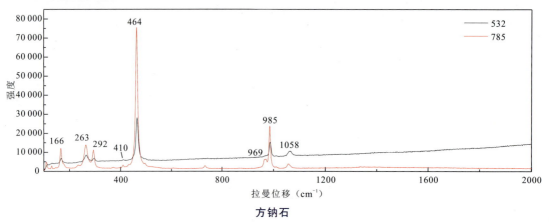

方钠石

方钠石的拉曼光谱具有 $985cm^{-1}$、$410cm^{-1}$、$464cm^{-1}$ 等典型拉曼峰。$985cm^{-1}$ 属于 Si—O—Si 的反对称振动峰，$410cm^{-1}$、$464cm^{-1}$ 属于 O—Si—O 的弯曲振动峰。

蓝锥矿（Benitoite）

$$BaTiSi_3O_9$$

一、红外光谱

1. 反射光谱

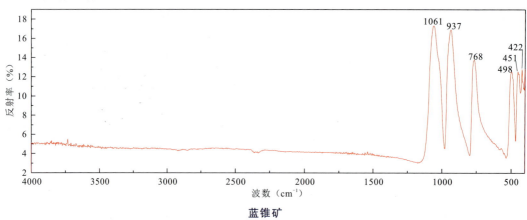

蓝锥矿

蓝锥矿的红外反射光谱主要分布于 $700\sim1100cm^{-1}$，$400\sim700cm^{-1}$ 两个区间。$700\sim1100cm^{-1}$ 区域内红外峰由 Si—O 伸缩振动引起，其中 $1061cm^{-1}$ 由 O—Si—O 反对称伸缩振动引起，$937cm^{-1}$ 由 O—Si—O 对称伸缩振动所致。$768cm^{-1}$ 可能与 Ti—O 键有关。$400\sim500cm^{-1}$ 范围内吸收带 $498cm^{-1}$、$451cm^{-1}$ 为 Si—O 弯曲振动、Si—O—M 以及 M—O 面内振动及其耦合。

2. 透射光谱

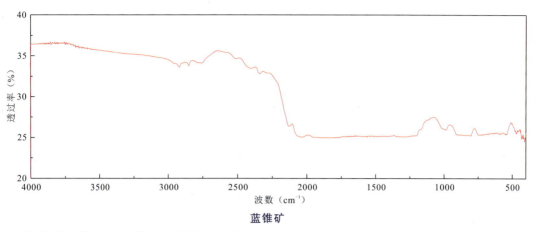
蓝锥矿

蓝锥矿红外透射光谱未显示特征吸收峰。

二、紫外-可见光谱

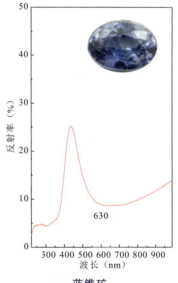
蓝锥矿

蓝锥矿的紫外-可见光吸收光谱显示橙黄区630nm左右有一个弱吸收宽谷，样品蓝紫色色调越浓，吸收越强。蓝锥矿多色性很强，不同结晶方向可能得到差别很大的吸收光谱。

三、拉曼光谱

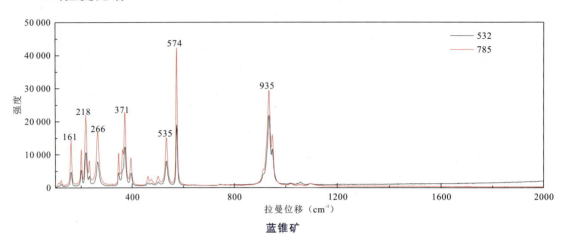

蓝锥矿

蓝锥矿样品在 218cm^{-1}、371cm^{-1}、574cm^{-1}、935cm^{-1} 有较强的拉曼峰,另外在 161cm^{-1}、266cm^{-1}、535cm^{-1} 等处显示弱拉曼峰。

四、X 射线荧光光谱

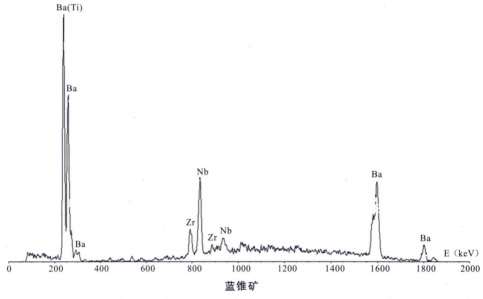

蓝锥矿

蓝锥矿的 X 射线荧光光谱显示,样品主要元素为 Ba、Ti,此外含有少量 Zr、Nb 元素。由于 Ba、Ti、V 三种元素在 X 荧光光谱仪测试中通道比邻,所以并没有显示出相对独立的峰位。

方解石（Calcite）

$$CaCO_3$$

一、红外反射光谱

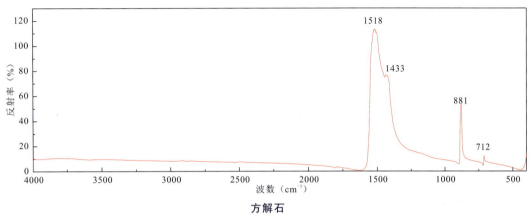

方解石

方解石样品的红外反射光谱中，1518cm^{-1}、1433cm^{-1}归属于$[CO_3]^{2-}$的不对称伸缩振动，881cm^{-1}归属于$[CO_3]^{2-}$的面外弯曲振动，712cm^{-1}归属于$[CO_3]^{2-}$的面内弯曲振动。

二、紫外-可见光谱

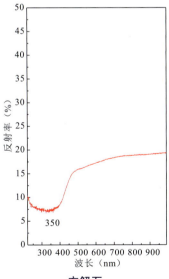

方解石

方解石的紫外-可见光谱中可见以350nm为中心的宽吸收带，可能是由于Mn^{2+}、Pb^{2+}（F心）、CO_3^{2-}（V心）的相互作用所致，从而使方解石产生浅黄色的体色。

三、拉曼光谱

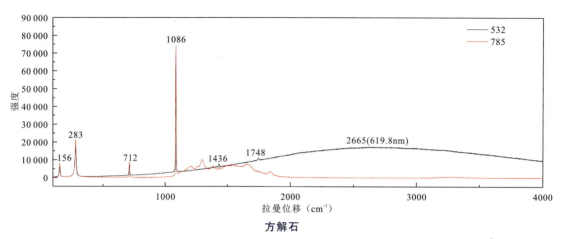

方解石

由方解石的拉曼光谱可见,在 532nm 激光激发下,方解石样品具有橙红色荧光。在 785nm 激光激发下具有 1100～2000cm^{-1} 范围内的一组荧光峰,1086cm^{-1} 拉曼峰表征 $[CO_3]^{2-}$ 中 C—O 对称伸缩振动;712cm^{-1} 表征 $[CO_3]^{2-}$ 的面外弯曲振动;156cm^{-1} 和 283cm^{-1},则由 Ca^{2+} 与 $[CO_3]^{2-}$ 之间的晶格振动产生;1748cm^{-1} 表征 $[CO_3]^{2-}$ 基团面外弯曲振动;1436cm^{-1} 表征反对称伸缩振动。

菱镁矿(Magnesite)

$MgCO_3$

一、红外反射光谱

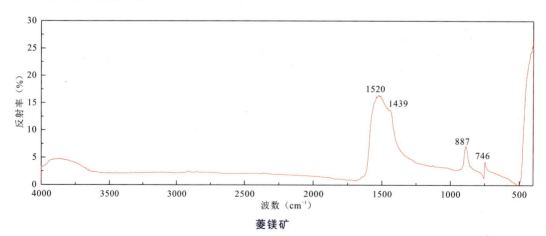

菱镁矿

菱镁矿 746cm^{-1}、887cm^{-1}、1439cm^{-1} 处的三个吸收峰为 $[CO_3]^{2-}$ 的特征红外峰。其中 746cm^{-1} 归属 $[CO_3]^{2-}$ 基团垂直 c 轴的反向面内弯曲振动(ν_4),887cm^{-1} 归属 $[CO_3]^{2-}$ 基团平行 c 轴的反相面外弯曲振动(ν_2),1439cm^{-1} 为 $[CO_3]^{2-}$ 基团垂直 c 轴的反相不对称伸缩振动(ν_3)。

二、紫外-可见光谱

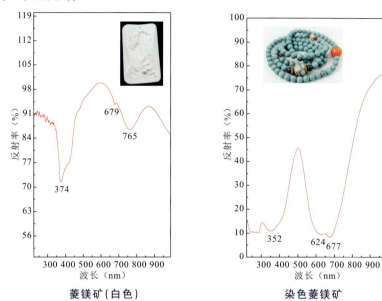

菱镁矿（白色）　　　染色菱镁矿

紫外-可见光谱中，白色菱镁矿具有374nm、765nm处明显特征吸收带，679nm弱吸收带。染色菱镁矿显示明显的352nm、624nm、677nm吸收带。

三、拉曼光谱

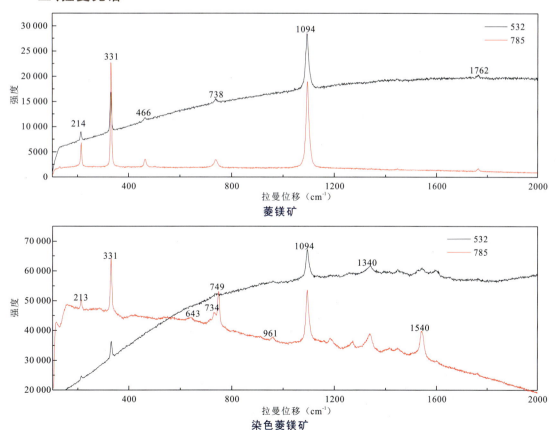

菱镁矿

染色菱镁矿

菱镁矿拉曼光谱具有 331cm^{-1}、738cm^{-1}、1094cm^{-1}、1762cm^{-1} 处的特征拉曼峰，331cm^{-1} 指派 ν_{ob} 振动模式，738cm^{-1} 指派 ν_{ib} 振动模式，1094cm^{-1} 指派 ν_s 振动模式，1762cm^{-1} 指派 $\nu_s+\nu_{ib}$ 振动模式。染色菱镁矿除了特征峰外，还有 1540cm^{-1}、1340cm^{-1}、961cm^{-1} 等拉曼峰，推测跟染剂有关。

菱锰矿（Rhodochrosite）

$MnCO_3$

一、红外光谱

1. 反射光谱

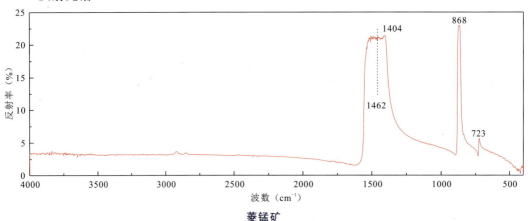

菱锰矿

红外反射光谱中，显示出菱锰矿中[CO_3]$^{2-}$基团相关的非对称伸缩振动。菱锰矿样品可见以 1462cm^{-1} 为中心的宽红外峰、1404cm^{-1} 弱红外峰。868cm^{-1} 较尖锐的红外峰，归属于 ν_2 面外弯曲振动，723cm^{-1} 尖锐而且相对较弱的红外峰，归属于 ν_4 面内弯曲振动。

2. 透射光谱

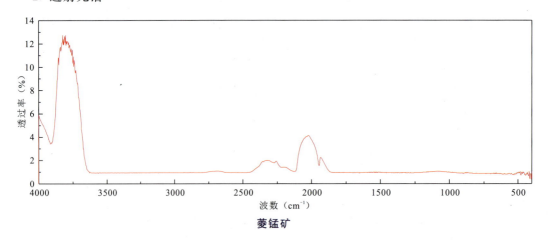

菱锰矿

二、紫外-可见光谱

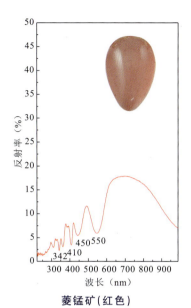

菱锰矿（红色）

紫外-可见光谱中，菱锰矿可见多个波长低于 600nm 的吸收峰，其中 342nm、410nm 吸收峰与 Mn^{2+} 的跃迁相关。

三、拉曼光谱

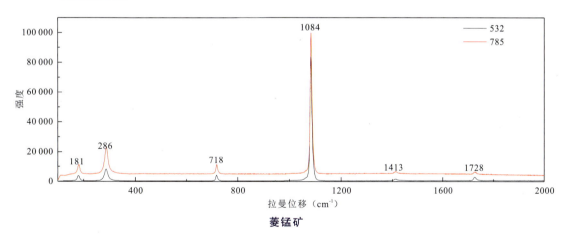

菱锰矿

拉曼光谱显示出菱锰矿中 $[CO_3]^{2-}$ 基团的四种拉曼活性振动，分别是 C—O 面外弯曲振动（$286cm^{-1}$）、面内弯曲振动（$718cm^{-1}$）、对称伸缩振动（$1084cm^{-1}$）和反对称振动（$1413cm^{-1}$）。$1728cm^{-1}$ 处的拉曼峰归属于面内弯曲振动。

四、X 射线荧光光谱

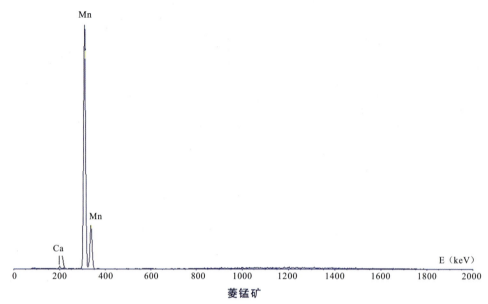

菱锰矿

X 射线荧光光谱显示出菱锰矿含有 Mn 元素。

菱锌矿(Smithsonite)

$$ZnCO_3$$

一、红外反射光谱

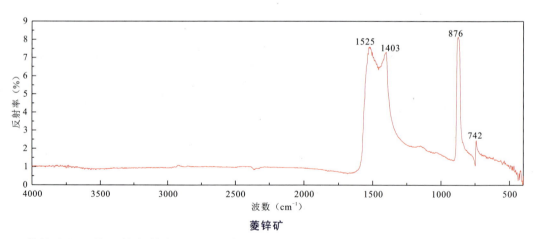

菱锌矿

菱锌矿的红外反射光谱中,1403cm^{-1} 归属于 ν_3 振动,876cm^{-1} 归属于 ν_2 振动,742cm^{-1} 归属于 ν_4 振动。

二、紫外-可见光谱

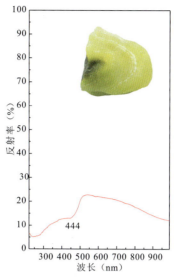

菱锌矿（黄色）

菱锌矿的紫外-可见光谱中，可见 444nm 弱吸收峰。

三、拉曼光谱

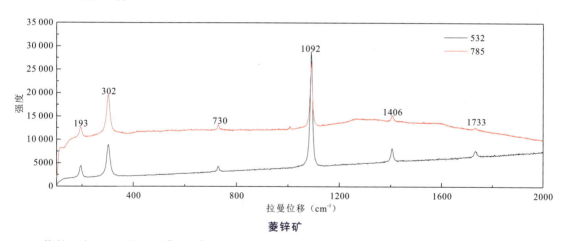

菱锌矿

菱锌矿拉曼光谱显示$[CO_3]^{2-}$基团拉曼振动，主要位于 $302cm^{-1}$、$730cm^{-1}$、$1092cm^{-1}$、$1406cm^{-1}$ 处。$1092cm^{-1}$ 归属于 $\nu_1[CO_3]^{2-}$，$1406cm^{-1}$ 归属于 $\nu_3[CO_3]^{2-}$。$730cm^{-1}$ 归属于 ν_4 弯曲振动，$302cm^{-1}$ 归属于 ZnO 对称伸缩振动。

磷灰石(Apatite)

$Ca_5(PO_4)_3(F,OH,Cl)$

一、红外光谱

1. 反射光谱

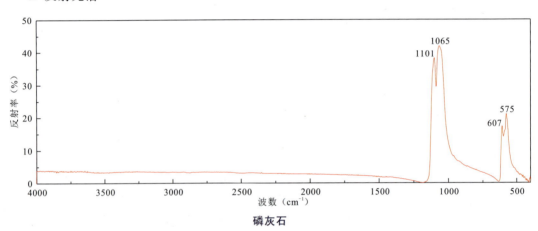

磷灰石

磷灰石样品的红外反射光谱中,可见 $1101cm^{-1}$、$1065cm^{-1}$、$607cm^{-1}$、$575cm^{-1}$ 等典型红外峰,其中 $1101cm^{-1}$、$1065cm^{-1}$ 归属于 $(PO_4)^{3-}$ 的反对称伸缩振动,$607cm^{-1}$、$575cm^{-1}$ 归属于 $(PO_4)^{3-}$ 的弯曲振动。

2. 透射光谱

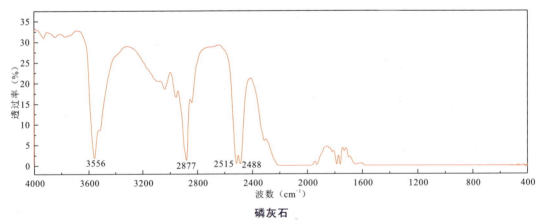

磷灰石

磷灰石样品的红外透射光谱中,常可见 $3556cm^{-1}$、$2877cm^{-1}$、$2515cm^{-1}$、$2488cm^{-1}$ 附近红外峰,其中 $3556cm^{-1}$ 可能与 OH^- 有关。

二、紫外-可见光谱

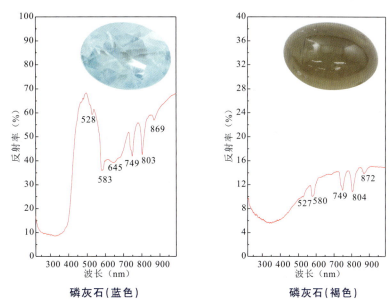

磷灰石(蓝色)　　　　　　磷灰石(褐色)

蓝色磷灰石样品与褐色磷灰石样品中,均可见528nm、583nm、749nm、804nm、869nm附近吸收峰,推测黄绿区内的528nm、583nm与磷灰石中常含的稀土元素有关。虽然蓝色磷灰石样品和褐色磷灰石样品的吸收峰位基本一致,但蓝色磷灰石在蓝区的反射率明显高于褐色样品,导致了颜色的差异。

三、拉曼光谱

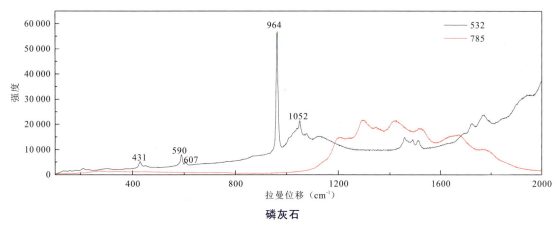

磷灰石

使用532nm激光作为激发光源时,磷灰石样品的拉曼光谱中,可见1052cm^{-1}、964cm^{-1}、590cm^{-1}、431cm^{-1}等拉曼峰。使用785nm激光作为激发光源时,拉曼光谱中的荧光背景较强,覆盖了拉曼峰。

磷铝石(Variscite)

$$AlPO_4 \cdot 2H_2O$$

一、红外反射光谱

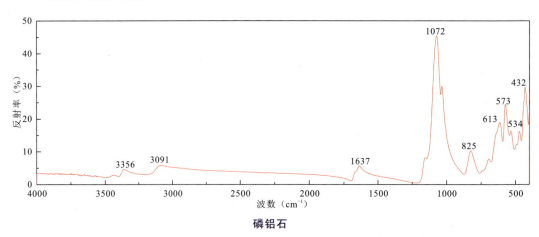

磷铝石

红外反射光谱中,磷铝石样品在指纹区显示$(PO_4)^{3-}$基团振动的特征谱带,$1072cm^{-1}$归属于P—O伸缩振动,$613cm^{-1}$、$573cm^{-1}$、$534cm^{-1}$由O—P—O弯曲振动所致,$1637cm^{-1}$推测为样品表面的吸附水所致。

二、紫外-可见光谱

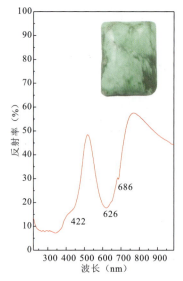

磷铝石

紫外-可见光谱中,磷铝石样品可见626nm强吸收带及686nm、422nm弱峰,其中422nm由Fe^{3+}的$^6A_{1g} \rightarrow {}^4E_1 + {}^4A_g$跃迁所致。

三、拉曼光谱

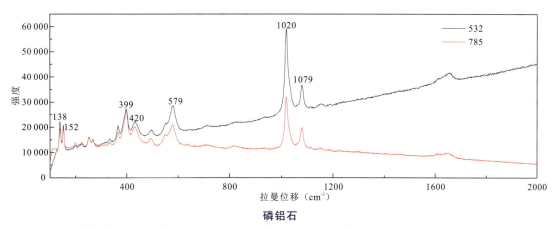

磷铝石

磷铝石样品的拉曼光谱中,1020 cm^{-1}归属于P—O对称伸缩振动,1079 cm^{-1}归属于P—O反对称伸缩振动,420 cm^{-1}归属于P—O弯曲振动。

磷铝锂石(Amblygonite)

(Li,Na)AlPO$_4$(F,OH)

一、红外光谱

1. 反射光谱

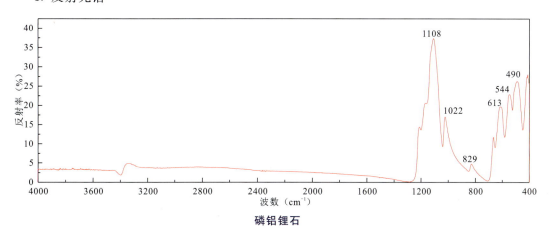

磷铝锂石

红外反射光谱中,磷铝锂石样品显示1108 cm^{-1}、1022 cm^{-1}、613 cm^{-1}、544 cm^{-1}、490 cm^{-1}等典型红外峰,1000~1100 cm^{-1}范围内为(PO$_4$)$^{3-}$的伸缩振动。

2. 透射光谱

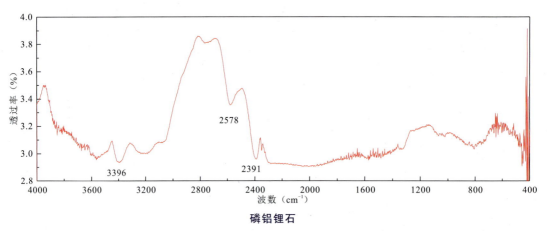

磷铝锂石

红外透射光谱中,磷铝锂石样品在 3396cm^{-1}、2578cm^{-1}、2391cm^{-1} 存在较明显的吸收。

二、紫外-可见光谱

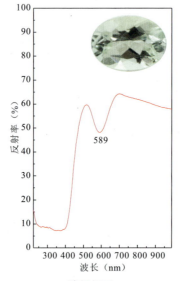

磷铝锂石

紫外-可见光谱中,磷铝锂石样品可见 589nm 附近明显吸收。

三、拉曼光谱

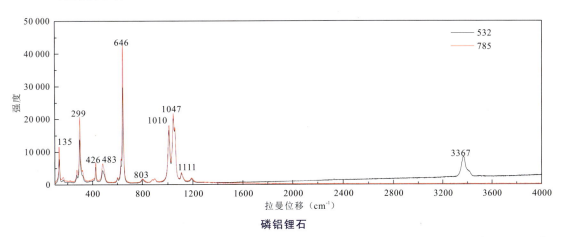

磷铝锂石

拉曼光谱中,磷铝锂石样品显示 $299cm^{-1}$、$426cm^{-1}$、$483cm^{-1}$、$646cm^{-1}$、$803cm^{-1}$、$1010cm^{-1}$、$1047cm^{-1}$、$1111cm^{-1}$、$3367cm^{-1}$ 等典型拉曼峰。据文献报道,随着磷铝锂石中 F 含量的增加,$3367cm^{-1}$ 附近拉曼峰的半高宽也会相应增大。

磷氯铅矿(Pyromorphite)

$$Pb_5(PO_4)_3Cl$$

一、红外反射光谱

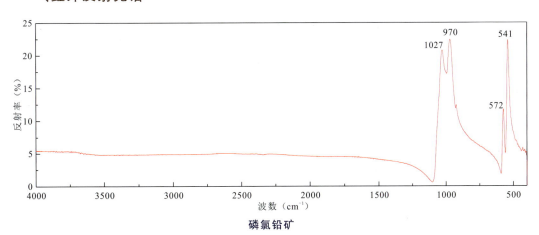

磷氯铅矿

红外反射光谱中,磷氯铅矿样品可见 $1027cm^{-1}$、$970cm^{-1}$ 处明显红外峰,归属于 $(PO_4)^{3-}$ 的非对称伸缩振动。$572cm^{-1}$、$541cm^{-1}$ 归属于 $(PO_4)^{3-}$ 的弯曲振动。

二、紫外-可见光谱

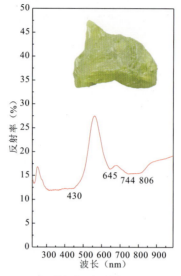

磷氯铅矿(绿色)

紫外-可见光谱中,绿色磷氯铅矿样品可见645nm吸收峰及806nm、744nm、430nm附近弱吸收峰,其中430nm由Fe^{3+}的d-d跃迁所致。

三、拉曼光谱

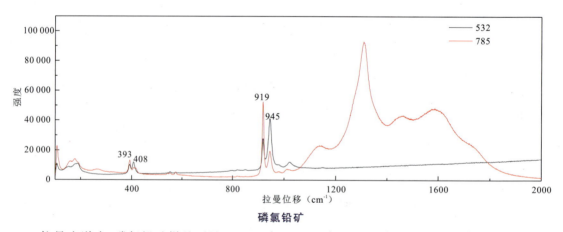

磷氯铅矿

拉曼光谱中,磷氯铅矿样品可见$945cm^{-1}$、$919cm^{-1}$、$408cm^{-1}$、$393cm^{-1}$的典型拉曼峰。

斜红磷铁矿（Phosphosiderite）

$$FePO_4 \cdot 2H_2O$$

一、红外反射光谱

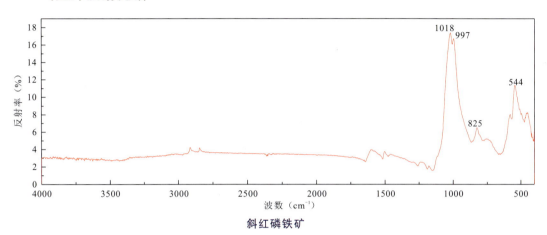

斜红磷铁矿

红外反射光谱中，斜红磷铁矿样品可见 $1018cm^{-1}$、$825cm^{-1}$、$544cm^{-1}$ 等典型红外峰，其中 $1018cm^{-1}$ 归属于 $[PO_4]^{3-}$ 的反对称伸缩振动。

二、紫外-可见光谱

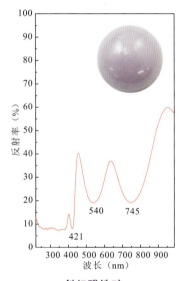

斜红磷铁矿

紫外-可见光谱中，斜红磷铁矿样品可见 421nm 吸收峰及分别以 540nm、745nm 为中心的吸收带。

三、拉曼光谱

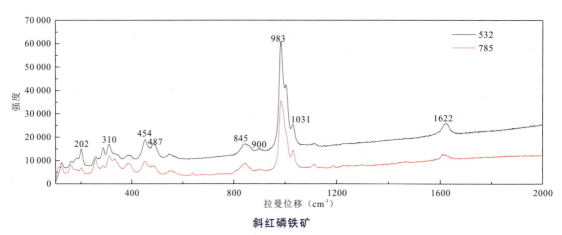

斜红磷铁矿

斜红磷铁矿的拉曼光谱中，1622 cm^{-1} 归属于 H_2O 的弯曲振动，983 cm^{-1} 归属于 $[PO_4]^{3-}$ 的对称伸缩振动，845 cm^{-1} 归属于 P—OH 的伸缩振动，487 cm^{-1}、454 cm^{-1} 归属于 $[PO_4]^{3-}$ 的弯曲振动。

黄铁矿 (Pyrite)

FeS_2

一、红外反射光谱

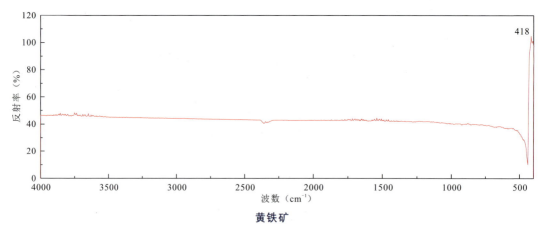

黄铁矿

红外反射光谱中，黄铁矿样品可见 418 cm^{-1} 处典型红外峰。

二、紫外-可见光谱

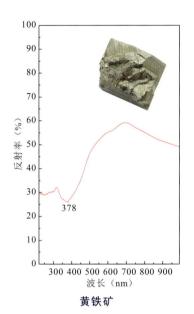

黄铁矿

紫外-可见光谱中,黄铁矿样品具有以378nm附近为中心的吸收带。

三、拉曼光谱

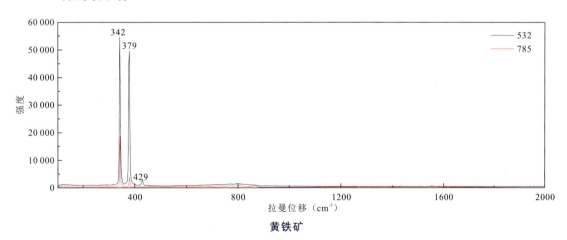

黄铁矿

黄铁矿样品的拉曼光谱中,342cm^{-1}归属于$Fe-[S_2]^{2-}$弯曲振动,379cm^{-1}归属于$Fe-[S_2]^{2-}$伸缩振动。

四、X 射线荧光光谱

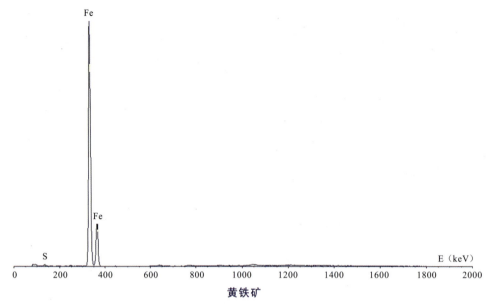

黄铁矿

黄铁矿的 X 射线荧光光谱中,可见明显的 Fe 峰。

天青石(Celestite)

$$(Sr, Ba)SO_4$$

一、红外反射光谱

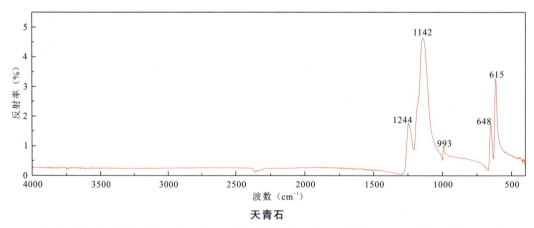

天青石

天青石的红外反射光谱主要为 $[SO_4]^{2-}$ 基团的内振动模式,993 cm^{-1} 弱吸收峰归属于 ν_1 对称伸缩振动,1244 cm^{-1} 归属于 ν_3 非对称伸缩振动,648 cm^{-1}、615 cm^{-1} 较强的锐吸收归属于 ν_4 变形弯曲振动。

二、紫外-可见光谱

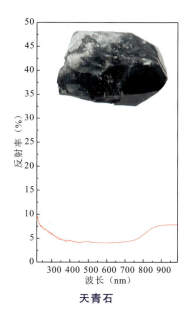

天青石

紫外-可见光谱中,天青石样品未显示明显的吸收。

三、拉曼光谱

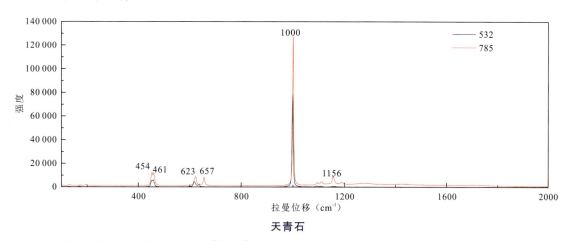

天青石

天青石的拉曼光谱主要显示$[SO_4]^{2-}$基团内模振动峰,1000cm^{-1}归属于对称伸缩振动ν_1,461cm^{-1}、454cm^{-1}归属于对称弯曲振动ν_2,1156cm^{-1}归属于反对称伸缩振动ν_3,657cm^{-1}、623cm^{-1}归属于反对称弯曲振动ν_4。

重晶石（Barite）

$$(Ba,Sr)SO_4$$

一、红外光谱

1. 反射光谱

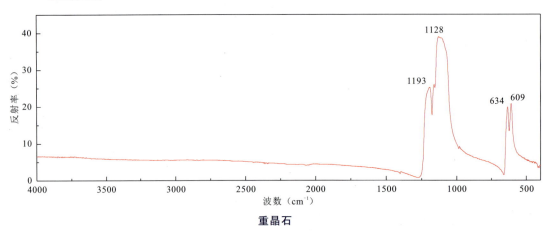

重晶石

重晶石的红外反射光谱主要为$[SO_4]^{2-}$基团的内振动模式，1193cm^{-1}、1128cm^{-1}归属于ν_3非对称伸缩振动，634cm^{-1}、609cm^{-1}较强的锐吸收归属于ν_4变形弯曲振动。

2. 透射光谱

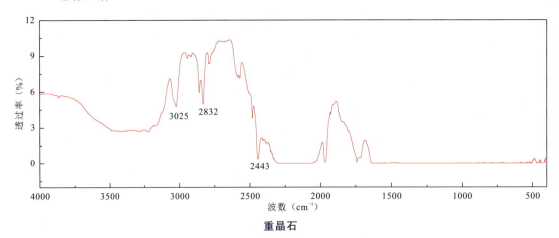

重晶石

重晶石的红外透射光谱中，可见3025cm^{-1}、2832cm^{-1}、2443cm^{-1}等处明显吸收。

二、紫外-可见光谱

重晶石（浅蓝色）

紫外-可见光谱中，浅蓝色的重晶石显示488nm、747nm吸收宽带。

三、拉曼光谱

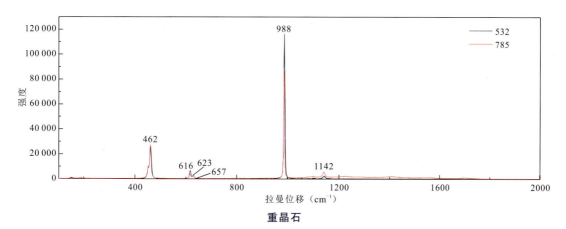

重晶石

重晶石的拉曼光谱主要显示$[SO_4]^{2-}$基团内模振动峰，其中988cm^{-1}的拉曼散射强度最强，归属于对称伸缩振动ν_1，462cm^{-1}归属于对称弯曲振动ν_2，1142cm^{-1}归属于反对称伸缩振动ν_3，657cm^{-1}、623cm^{-1}归属于反对称弯曲振动ν_4。

石膏（Gypsum）

$$CaSO_4 \cdot 2H_2O$$

一、红外反射光谱

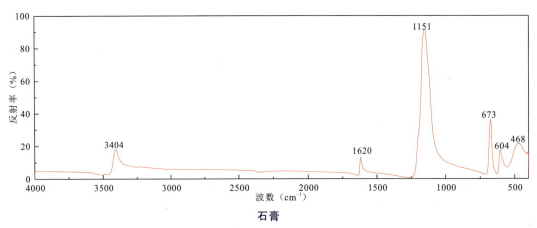

石膏

石膏样品的红外反射光谱中，3404cm^{-1}归属于H_2O的伸缩振动，1620cm^{-1}归属于H_2O的弯曲振动，1151cm^{-1}归属于SO_4^{2-}的反对称伸缩振动，673cm^{-1}、604cm^{-1}归属于SO_4^{2-}的变形弯曲振动，468cm^{-1}归属于SO_4^{2-}的弯曲振动。

二、紫外-可见光谱

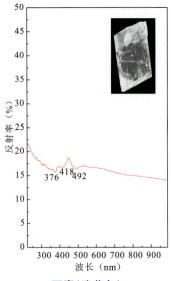

石膏（淡黄色）

紫外-可见光谱中，淡黄色石膏样品显示492nm、418nm、376nm附近吸收峰。

三、拉曼光谱

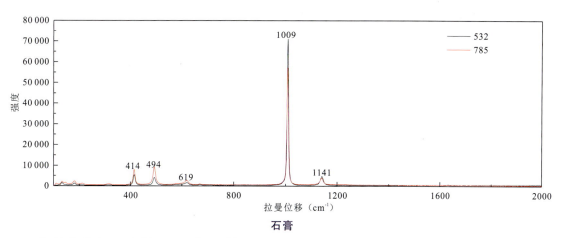

石膏

拉曼光谱中,石膏样品显示$[SO_4]^{2-}$四个振动模式的拉曼峰,其中$1141cm^{-1}$归属于反对称伸缩振动,$1009cm^{-1}$归属于对称伸缩振动,$619cm^{-1}$归属于变形弯曲振动,$494cm^{-1}$、$414cm^{-1}$归属于弯曲振动。

硼铝镁石(Sinhalite)

$MgAlBO_4$

一、红外反射光谱

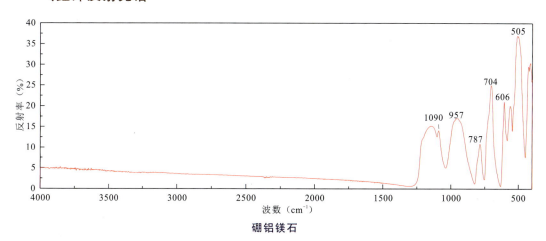

硼铝镁石

硼铝镁石样品的红外反射光谱中,$950\sim1100cm^{-1}$归属于BO_4^{5-}非对称伸缩振动,$700\sim850cm^{-1}$归属于BO_4^{5-}对称伸缩振动,$400\sim700cm^{-1}$归属于BO_4^{5-}弯曲振动。

二、紫外-可见光谱

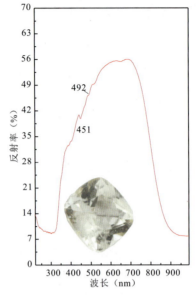

硼铝镁石

紫外-可见光谱中,硼铝镁石样品显示典型的492nm、451nm吸收线,部分样品可能在463nm、475nm可见吸收线。

三、拉曼光谱

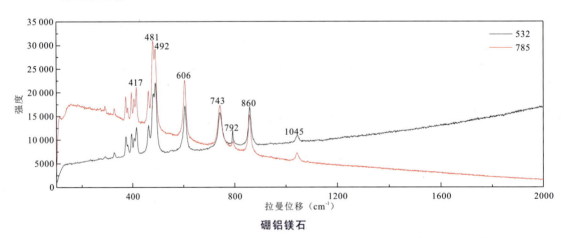

硼铝镁石

硼铝镁石样品的拉曼光谱具有481cm^{-1}、492cm^{-1}、606cm^{-1}、743cm^{-1}、860cm^{-1}、1045cm^{-1}等典型拉曼峰。

天然玉石图谱分析

翡翠(Jadeite)

$NaAlSi_2O_6$

一、红外光谱

1. 反射光谱

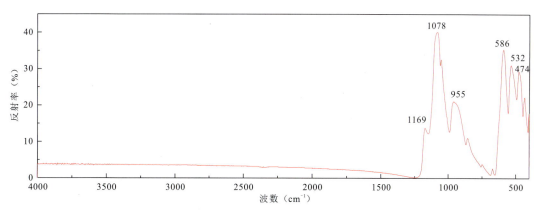

翡翠及优化处理翡翠

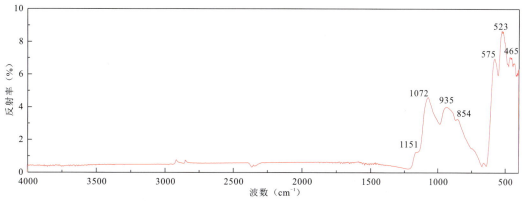

翡翠(黑色)

155

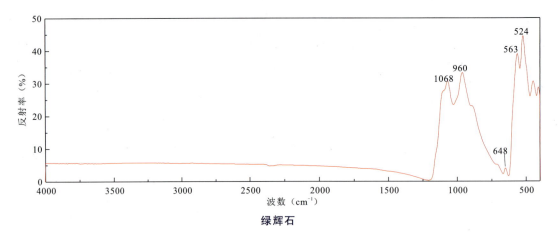

绿辉石

翡翠的主要成分为硬玉,硬玉的晶体结构较为规则,故其振动带的频率较高,在 900～1200cm^{-1} 可见三个频带,在 400～600cm^{-1},主要为 M1 和 M2 配位体的振动吸收。

2. 透射光谱

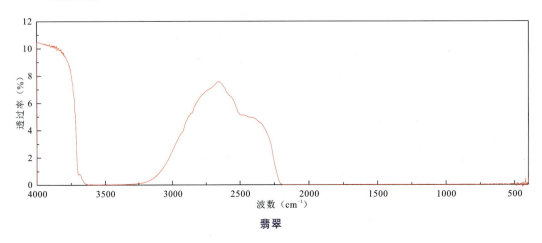

翡翠

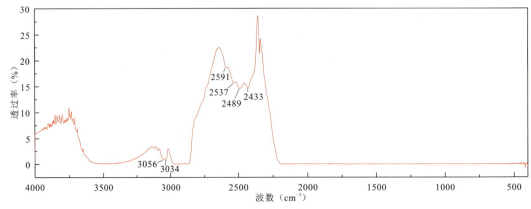

翡翠(漂白充填、染色处理)

天然翡翠在 2600～3200cm^{-1} 区间的透过率好,多不存在吸收峰。漂白充填处理翡翠中所用的充填物一般为环氧树脂,其红外透射光谱中 3056cm^{-1}、3034cm^{-1} 吸收峰由苯环上 C—

H键振动所致,属于胶的吸收峰。另外可见 $2433cm^{-1}$、$2489cm^{-1}$、$2537cm^{-1}$、$2591cm^{-1}$ 处吸收。

二、紫外-可见光谱

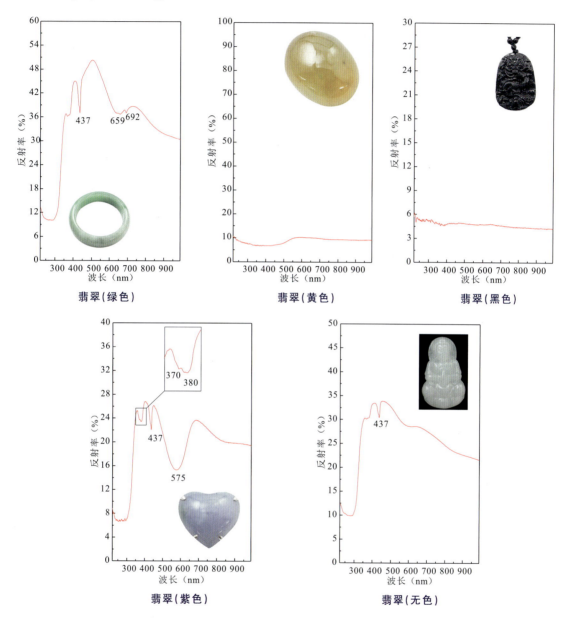

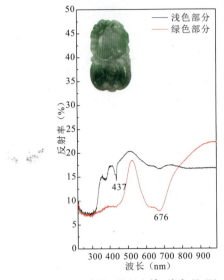
翡翠（漂白充填、染色处理）

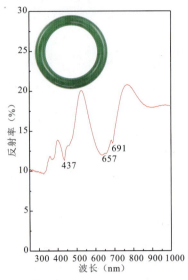
翡翠（绿色）（漂白、充填处理）

翡翠样品（除黄色、黑色以外）均可见437nm特征吸收线，颜色未经处理的绿色翡翠中，还可见与铬相关的660nm、690nm附近的吸收。翡翠（漂白充填、染色处理）样品的绿色部分在红区缺失与Cr相关的692nm吸收峰，出现与染料相关的650～680nm范围内的675nm吸收带。

三、拉曼光谱

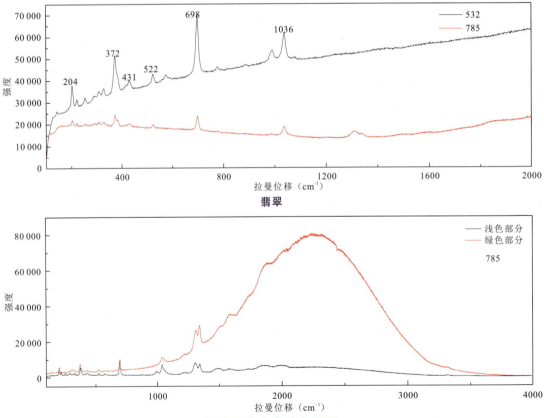

翡翠

翡翠（漂白充填、染色处理）

翡翠(B+C)样品绿色部分的荧光远远强于浅色部分,通过换算可知荧光波长约为952nm(位于红外光区域),可用532nm激光器(降低激光能量)做进一步测试。

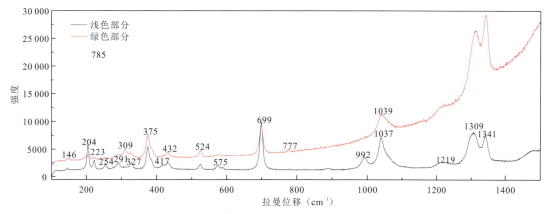

翡翠(漂白充填、染色处理)[俗称翡翠(B+C)]

1037(1039)cm^{-1}和992cm^{-1}属于[Si$_2$O$_6$]$^{4-}$基团的Si—O对称伸缩振动,699cm^{-1}属Si—O—Si的对称弯曲振动。375cm^{-1}属于Si—O—Si的不对称弯曲振动,600cm^{-1}以下的峰属于与金属离子M—O相关的伸缩振动及其与Si—O—Si弯曲振动的耦合振动。777cm^{-1}、1219cm^{-1}、1341cm^{-1}处拉曼峰的归属不明,推测为其他矿物包裹体的峰,可用XRD做进一步的分析。

钠长石玉(Albite Jade)

$$NaAlSi_3O_8$$

一、红外光谱

1. 反射光谱

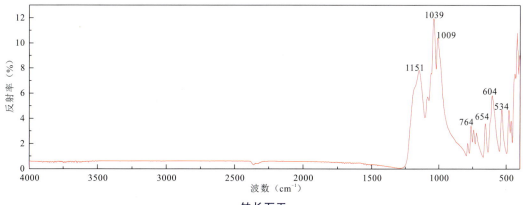

钠长石玉

钠长石玉样品的红外反射光谱中,900～1200cm^{-1}区域红外峰归属于[SiO$_4$]$^{4-}$的Si—O伸缩振动,700～800cm^{-1}区域内红外峰归属于[SiO$_4$]$^{4-}$的Si—O弯曲振动。

2. 透射光谱

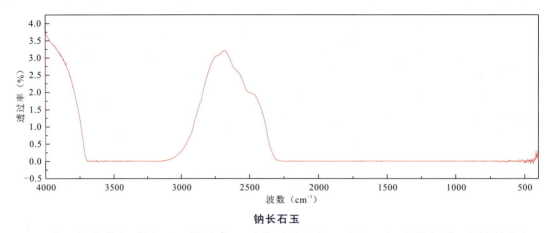

钠长石玉

红外透射光谱中，钠长石玉样品未显示典型的红外吸收峰。据文献报道，充填的钠长石可能出现 $4344cm^{-1}$、$4065cm^{-1}$、$3053cm^{-1}$、$3038cm^{-1}$ 等吸收峰。

二、紫外-可见光谱

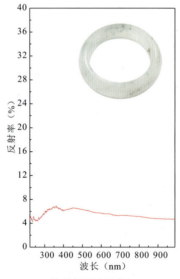

钠长石玉(无色)

无色钠长石玉样品的紫外-可见光谱无明显吸收特征。

三、拉曼光谱

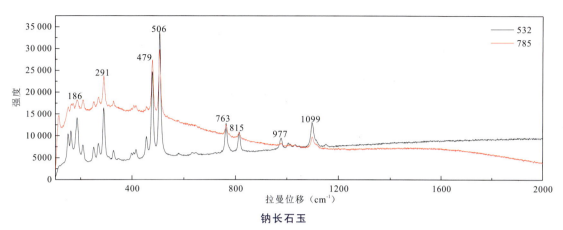

钠长石玉

钠长石玉样品的拉曼光谱中,479cm^{-1}、506cm^{-1}为最强的特征峰。600~1300cm^{-1}区域内拉曼峰归属于Si—O伸缩振动,低于450cm^{-1}的拉曼峰归属于晶格振动。

独山玉(Dushan Jade)

一、红外反射光谱

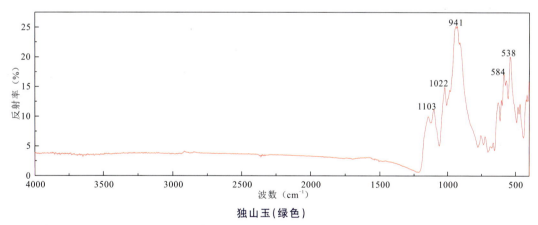

独山玉(绿色)

绿色独山玉样品的透明度较高,其红外反射光谱可见1103cm^{-1}、1022cm^{-1}、941cm^{-1}、584cm^{-1}、538cm^{-1}等典型红外峰。

二、紫外-可见光谱

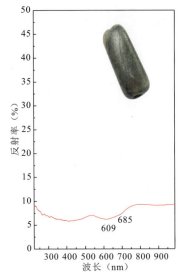

独山玉(绿色)

绿色独山玉样品的紫外-可见光谱中,609nm 宽吸收带与 685nm 处弱吸收应与 Cr^{3+} 有关,归属于 Cr^{3+} 的两个禁戒跃迁。

三、拉曼光谱

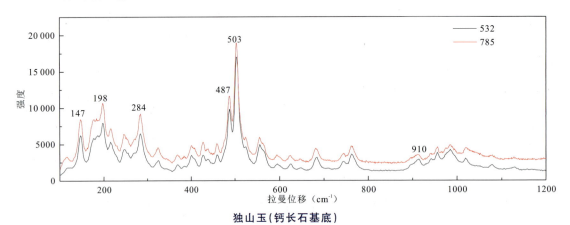

独山玉(钙长石基底)

独山玉中的斜长石属基性斜长石。独山玉样品的拉曼光谱主要显示钙长石的拉曼峰,故所测样品中斜长石的主体成分为钙长石,其中 $200\sim400cm^{-1}$ 区域内拉曼峰归属于晶格振动,$503cm^{-1}$、$487cm^{-1}$ 归属于 T—O—T 伸缩振动,$910cm^{-1}$ 归属于 Al—O—Si 反对称伸缩振动。

和田玉(Nephrite)

$$Ca_2(Mg,Fe)_5Si_8O_{22}(OH)_2$$

一、红外光谱

1. 反射光谱

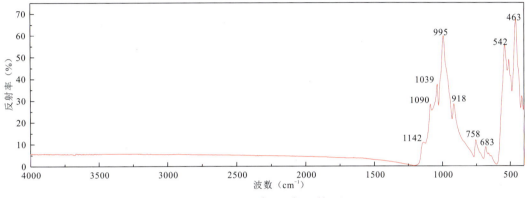

和田玉(白玉、青玉、碧玉、糖玉)

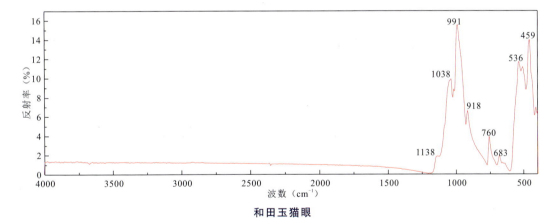

和田玉猫眼

和田玉及和田玉猫眼样品的红外反射光谱中,850~1150cm^{-1}区域内的红外峰归属于O—Si—O与Si—O—Si反对称伸缩振动和O—Si—O对称伸缩振动,758cm^{-1}、683cm^{-1}附近归属于Si—O—Si对称伸缩振动,542cm^{-1}、463cm^{-1}附近红外峰归属于Si—O弯曲振动、M—O伸缩振动和OH^{-}平动的耦合振动。

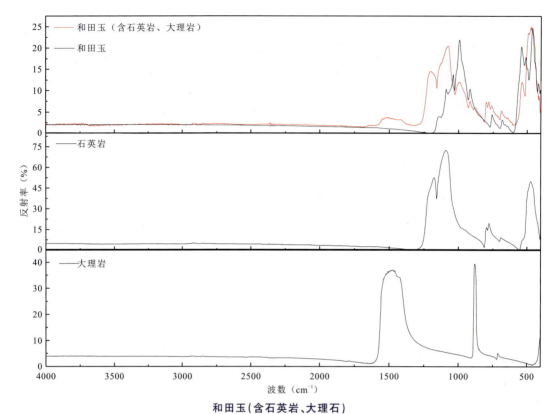

和田玉(含石英岩、大理石)

和田玉(含石英岩、大理石)样品与白色的和田玉呈现相似的外观,但红外反射光谱中显示和田玉、石英岩、大理石的混合光谱。

2. 透射光谱

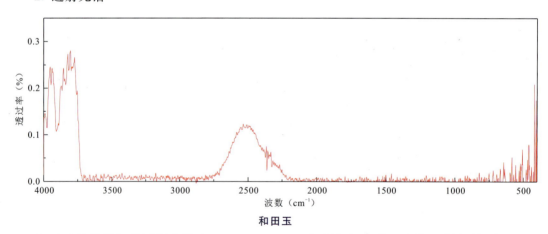

和田玉

和田玉的样品红外透射光谱中,$2800\sim3200cm^{-1}$区域内无明显吸收。据文献,当和田玉经过环氧树脂充填处理时,可出现$3021cm^{-1}$附近苯环伸缩振动致红外吸收,$2983cm^{-1}$、$2851cm^{-1}$附近与CH_2不对称伸缩振动致红外吸收。

二、紫外-可见光谱

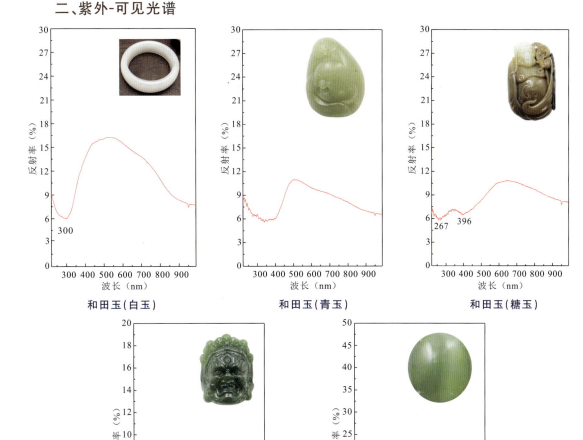

和田玉(白玉)　　　和田玉(青玉)　　　和田玉(糖玉)

和田玉(碧玉)　　　和田玉猫眼(碧玉)

不同颜色和田玉样品的紫外-可见光谱具有明显的区别。

白玉在300nm附近具有明显吸收,但在380～780nm的可见光区域内普遍具有较高且接近的反射率,所以呈现白色的外观。青玉在350nm附近具有明显吸收,在可见光500～550nm区域可见反射峰,与其浅绿色的外观相对应。糖玉在267nm、396nm附近可见吸收峰,在可见光600～650nm区域可见反射峰,与其褐色的外观相对应。

碧玉及碧玉猫眼在400～460nm区域的吸收可能与Fe有关,而650～690nm区域内的吸收可能与Cr有关。

三、拉曼光谱

不同颜色和田玉呈现接近的拉曼光谱特征,600～1200cm^{-1}区域内拉曼峰归属于$[Si_4O_{11}]^{6-}$的伸缩振动。400～600cm^{-1}区域拉曼峰归属于Si—O的弯曲振动。低于

$400cm^{-1}$ 的振动则是由阳离子及其大骨架振动引起的。

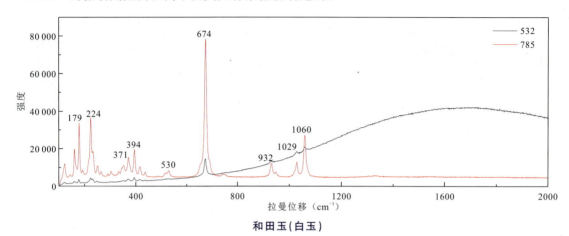

和田玉（白玉）

和田玉（白玉）样品的拉曼光谱中，$1060cm^{-1}$、$1029cm^{-1}$、$932cm^{-1}$附近归属于 Si—O 伸缩振动，$674cm^{-1}$归属于 Si—O—Si 伸缩振动，$530cm^{-1}$归属于 Si—O 弯曲振动，$394cm^{-1}$、$371cm^{-1}$归属于 M—O 弯曲振动和晶格振动。

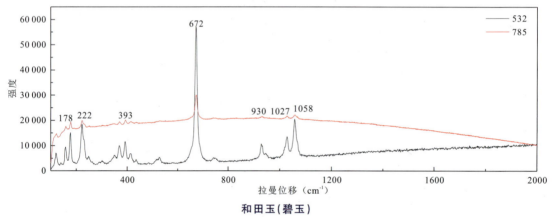

和田玉（碧玉）

和田玉（碧玉）样品的拉曼光谱中，$1058cm^{-1}$、$1027cm^{-1}$、$930cm^{-1}$附近归属于 Si—O 伸缩振动，$672cm^{-1}$归属于 Si—O—Si 伸缩振动，$529cm^{-1}$归属于 Si—O 弯曲振动，$393cm^{-1}$归属于 M—O 弯曲振动和晶格振动。

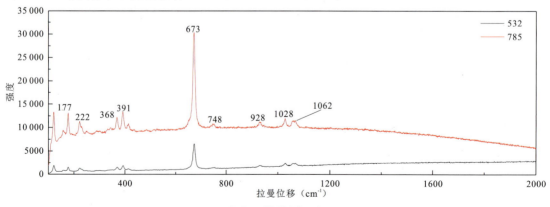

和田玉猫眼（碧玉）

和田玉猫眼(碧玉)样品的拉曼光谱中,1062cm^{-1}、1028cm^{-1}、928cm^{-1}附近归属于Si—O伸缩振动,748cm^{-1}、673cm^{-1}归属于Si—O—Si伸缩振动,391cm^{-1}、368cm^{-1}归属于M—O弯曲振动和晶格振动。

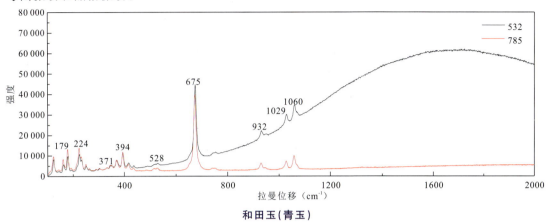

和田玉(青玉)

和田玉(青玉)样品的拉曼光谱中,1060cm^{-1}、1029cm^{-1}、932cm^{-1}附近归属于Si—O伸缩振动,675cm^{-1}归属于Si—O—Si伸缩振动,528cm^{-1}归属于Si—O弯曲振动,394cm^{-1}、371cm^{-1}归属于M—O弯曲振动和晶格振动。

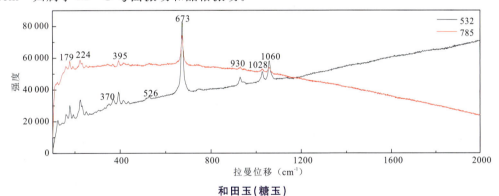

和田玉(糖玉)

和田玉(糖玉)样品的拉曼光谱中,1060cm^{-1}、1028cm^{-1}、930cm^{-1}附近归属于Si—O伸缩振动,673cm^{-1}归属于Si—O—Si伸缩振动,526cm^{-1}归属于Si—O弯曲振动,395cm^{-1}、370cm^{-1}归属于M—O弯曲振动和晶格振动。

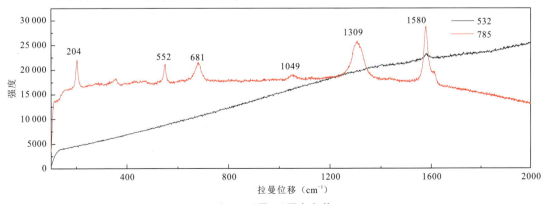

和田玉(墨玉)黑色包体

和田玉（墨玉）的黑色包体可见 $204cm^{-1}$、$552cm^{-1}$、$681cm^{-1}$、$1049cm^{-1}$、$1309cm^{-1}$、$1580cm^{-1}$ 等拉曼峰，其中 $1580cm^{-1}$ 与石墨有关。

大理石（Marble）

$CaCO_3$

一、红外反射光谱

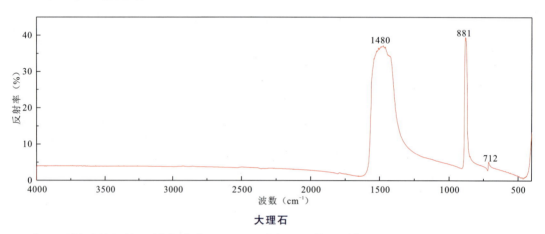

大理石

大理石样品的红外反射光谱中，$1480cm^{-1}$ 归属于 $[CO_3]^{2-}$ 的不对称伸缩振动，$881cm^{-1}$ 归属于 $[CO_3]^{2-}$ 的面外弯曲振动，$712cm^{-1}$ 归属于 $[CO_3]^{2-}$ 的面内弯曲振动。

二、紫外-可见光谱

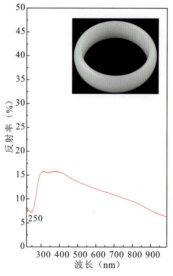

大理石（白色）

白色大理石样品紫外-可见光谱中，可见 250nm 附近吸收带。

三、拉曼光谱

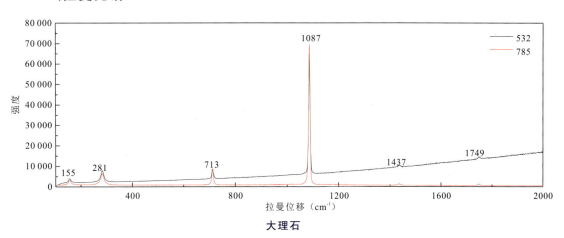

大理石

大理石的拉曼光谱中,1749cm^{-1}表征$[CO_3]^{2-}$基团面外弯曲振动;1437cm^{-1}表征反对称伸缩振动;1087cm^{-1}拉曼峰表征$[CO_3]^{2-}$中C—O对称伸缩振动;713cm^{-1}表征$[CO_3]^{2-}$的面外弯曲振动;155cm^{-1}、281cm^{-1}则是由Ca^{2+}与$[CO_3]^{2-}$之间的晶格振动产生。

绿松石(Turquoise)

$$CuAl_6(PO_4)_4(OH)_8 \cdot 5H_2O$$

一、红外反射光谱

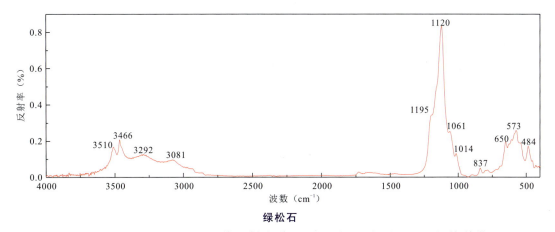

绿松石

根据文献报道,绿松石样品的红外反射光谱(K-K处理)中可见以下红外谱带:

绿松石的红外光谱特征峰 单位:cm^{-1}

$\nu(OH)$	$\nu(M_{Fe,Cu}-H_2O)$	$\nu_3(PO_4)$	$\delta(OH)$	$\nu_4(PO_4)$
伸缩振动	伸缩振动	伸缩振动	弯曲振动	弯曲振动
3510 3466	3292 3081	1195 1120 1061 1014	837	650 573 484

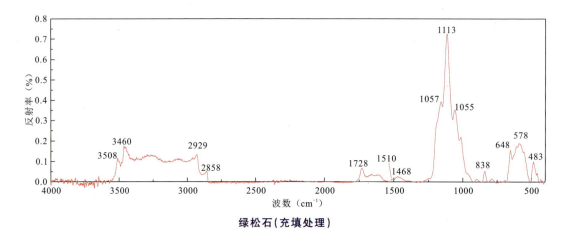

绿松石(充填处理)

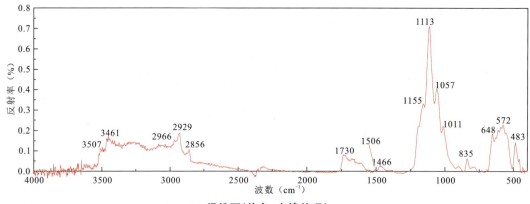

绿松石(染色、充填处理)

绿松石(充填处理)和绿松石(染色、充填处理)样品的红外反射光谱中,不仅显示绿松石的红外峰,还可见人造树脂充填物的红外峰:2966cm^{-1}、2929cm^{-1}附近红外峰归属于$\nu_{as}(CH_3)$和$\nu_{as}(CH_2)$的反对称伸缩振动,2856cm^{-1}附近红外峰归属于$\delta(CH_2)$的对称伸缩振动,1730cm^{-1}附近红外峰归属于$\nu(C=O)$伸缩振动,1506cm^{-1}红外峰归属于苯环骨架的伸缩振动。

天然玉石图谱分析

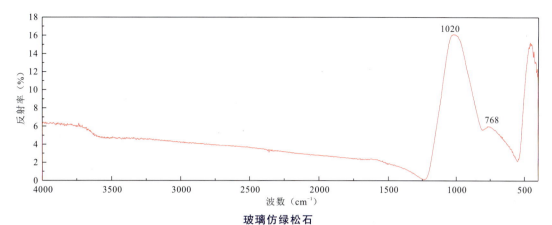

玻璃仿绿松石

玻璃仿绿松石样品的红外反射光谱呈现玻璃在 $1020cm^{-1}$、$768cm^{-1}$ 附近的红外特征峰。

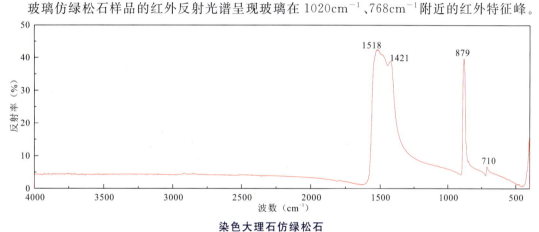

染色大理石仿绿松石

染色大理石仿绿松石样品的红外反射光谱呈现大理石的红外特征峰，$1518cm^{-1}$、$1421cm^{-1}$ 为 $[CO_3]^{2-}$ 的 ν_3 振动；$879cm^{-1}$ 为 $[CO_3]^{2-}$ 的 ν_2 振动。

二、紫外-可见光谱

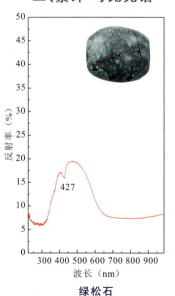

绿松石

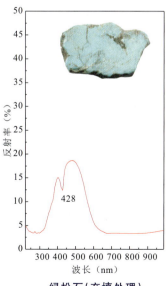

绿松石（充填处理）

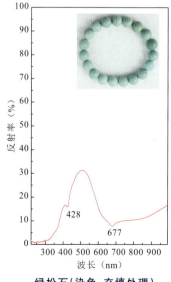

绿松石（染色、充填处理）

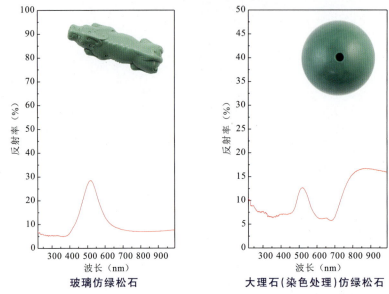

| 玻璃仿绿松石 | 大理石（染色处理）仿绿松石 |

绿松石样品位于 428nm（或附近）处的吸收峰由与 Al^{3+} 发生类质同象替代的 Fe^{3+} 引起，随着 Fe^{3+} 含量增加，吸收峰的宽度逐渐增宽，从峰的位置和锐度判断，它们是 Fe^{3+}（d^5 组态）的 $^6Al \rightarrow{^4Eg} + {^4Ag^{1g}}(^4G)$ 跃迁，吸收 2.89eV 能量。染色绿松石样品的紫外-可见光谱中出现了天然绿松石没有的 677nm 吸收带，应是由染剂导致。然而染剂的种类很多，若没有出现 677nm 吸收带，并不能说明绿松石没有经过染色处理。

三、拉曼光谱

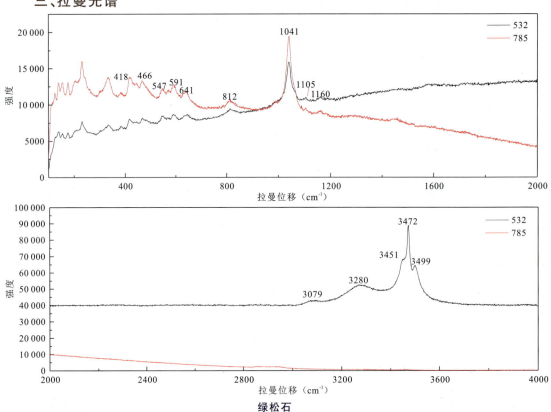

绿松石

根据文献报道,绿松石样品的拉曼光谱中可见以下拉曼峰:

绿松石的拉曼光谱特征峰　　　　　　　　　　　　　　　　　　　　单位:cm^{-1}

$\nu(OH)$ 伸缩振动	$\nu(H_2O)$ 伸缩振动	$\nu_3(PO_4)$ 伸缩振动	$\nu_4(PO_4)$ 弯曲振动	$\nu_2(PO_4)$ 弯曲振动
3499		1160	641	
3472	3280	1105	591	466
3451	3079	1041	547	418

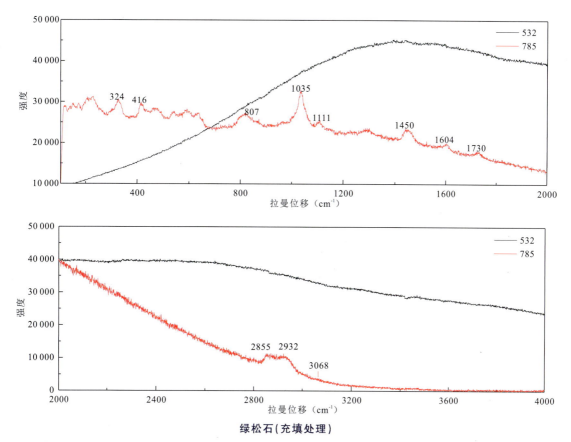

绿松石(充填处理)

绿松石(充填处理)样品的拉曼图谱不仅显示绿松石的拉曼峰,还可见由CH_2反对称伸缩振动及CH_2对称伸缩振动所致的$2932cm^{-1}$和$2855cm^{-1}$,$2000\sim1400cm^{-1}$内,由CH_2弯曲振动所致的弱峰$1450cm^{-1}$。$1604cm^{-1}$、$1111cm^{-1}$归属于苯基中具共价键的C—C伸缩振动,$3068cm^{-1}$归属于苯环的C—H伸缩振动。由拉曼光谱中有机物的拉曼峰可以判断绿松石经过了充填处理。

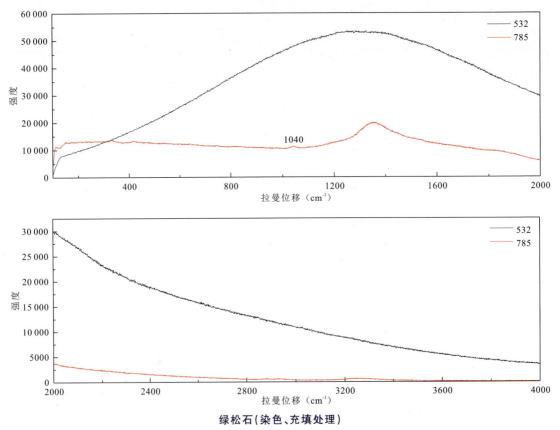

绿松石(染色、充填处理)

绿松石(染色、充填处理)样品的拉曼光谱呈现较强的荧光背景,仅可见绿松石 $\nu_3(PO_4)$ 伸缩振动所导致的 $1040 cm^{-1}$ 拉曼峰。

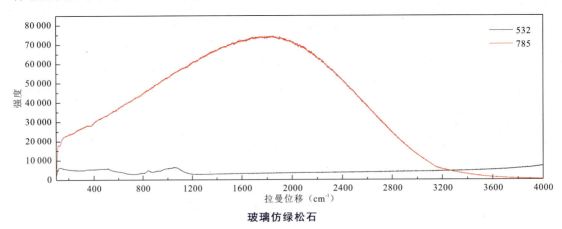

玻璃仿绿松石

玻璃仿绿松石样品的拉曼光谱中无拉曼峰。

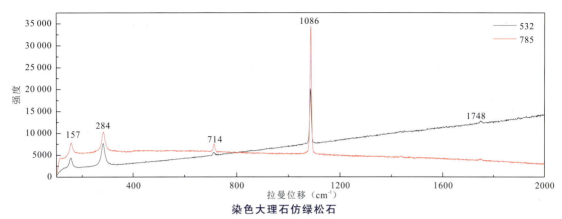

染色大理石仿绿松石

染色大理石仿绿松石样品的拉曼光谱中,1086 cm^{-1}归属于$[CO_3]^{2-}$基团中C—O对称伸缩振动,714 cm^{-1}归属于$[CO_3]^{2-}$基团的面外弯曲振动,157 cm^{-1}、284 cm^{-1}是由晶格振动产生。

欧泊(Opal)

$$SiO_2 \cdot nH_2O$$

一、红外反射光谱

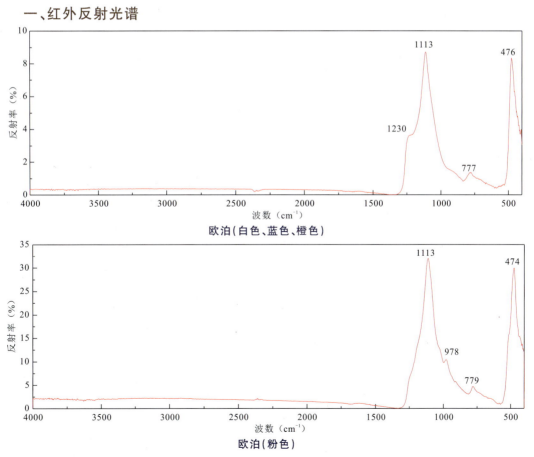

欧泊(白色、蓝色、橙色)

欧泊(粉色)

欧泊的红外反射光谱中，900～1200cm^{-1} 范围内红外峰为 Si—O 伸缩振动谱带，700～800cm^{-1} 间为 Si—O 对称伸缩振动峰，400～500cm^{-1} 归属于 Si—O 弯曲振动。与玻璃态的 SiO_2 相比，欧泊在 1100～1200cm^{-1} 范围内呈现明显拐点。

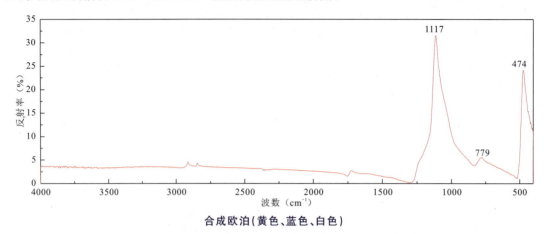

合成欧泊（黄色、蓝色、白色）

二、紫外-可见光谱

通过紫外-可见光谱的计算所得颜色与其真实体色存在差异，推测其光谱受到变彩色斑影响较大。

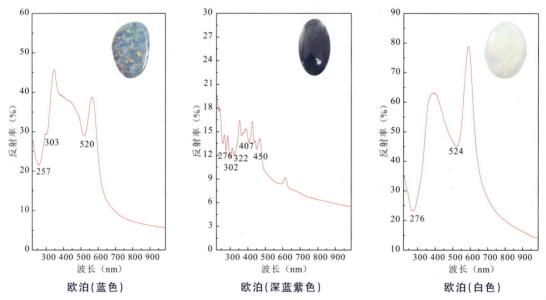

欧泊（蓝色）　　　　欧泊（深蓝紫色）　　　　欧泊（白色）

蓝色欧泊样品具有黄色、橘黄色等变彩色斑。260～510nm 区间的反射较强，与其蓝色底色有关，580nm 处的反射可能与其橘黄色斑有关。深蓝紫色欧泊样品的整体反射率偏低，在 250～490nm 范围内可见较多反射峰。白色欧泊样品伴有浅紫色、橘红色变彩斑块，反射率较深色品种整体偏高，400nm 附近的反射峰与紫色变彩斑块有关，600nm 处的反射峰可能与橘红色斑有关。

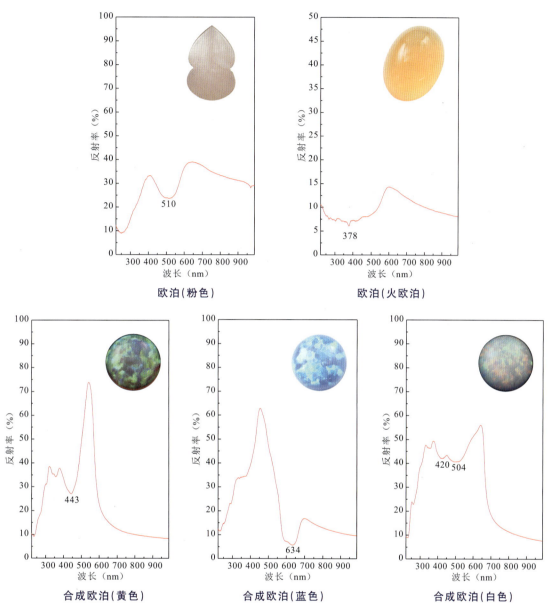

欧泊(粉色)　　欧泊(火欧泊)

合成欧泊(黄色)　　合成欧泊(蓝色)　　合成欧泊(白色)

粉色的欧泊样品可见510nm吸收带,火欧泊样品可见378nm吸收峰。不同颜色合成欧泊的紫外-可见光谱图具有较大的差别,黄色样品可见443nm吸收带,蓝色样品可见634nm吸收带,白色样品可见420nm、504nm吸收带。

三、拉曼光谱

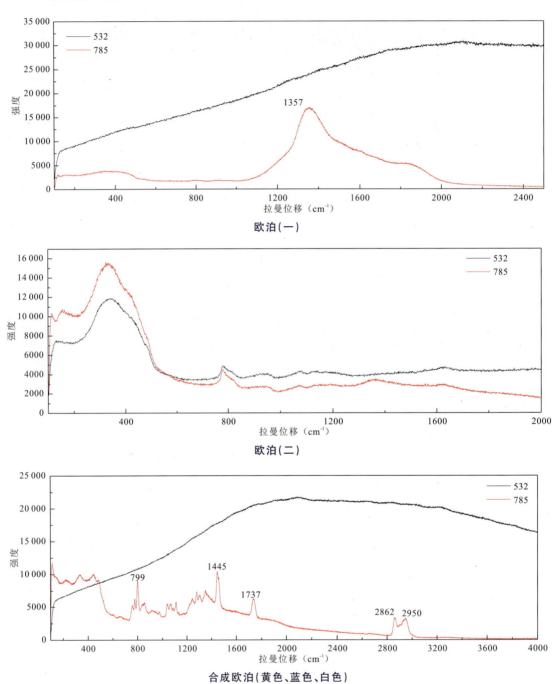

欧泊(一)

欧泊(二)

合成欧泊(黄色、蓝色、白色)

欧泊是非晶态,拉曼光谱对其鉴定意义不大,但三种颜色的合成欧泊样品表现出接近的拉曼光谱。

蛇纹石(Serpentine)

$$(Mg, Fe, Ni)_3Si_2O_5(OH)_4$$

一、红外反射光谱

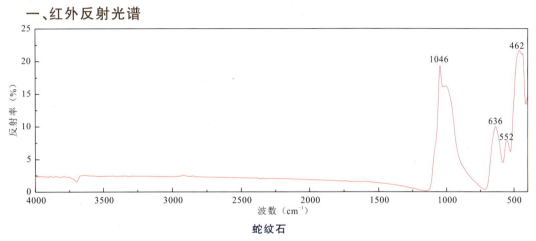

蛇纹石

蛇纹石的红外反射光谱中,$1046cm^{-1}$归属于Si—O伸缩振动,$636cm^{-1}$归属于OH转动,$552cm^{-1}$归属于Mg—O的伸缩振动和弯曲振动,$462cm^{-1}$归属于Si—O弯曲振动。

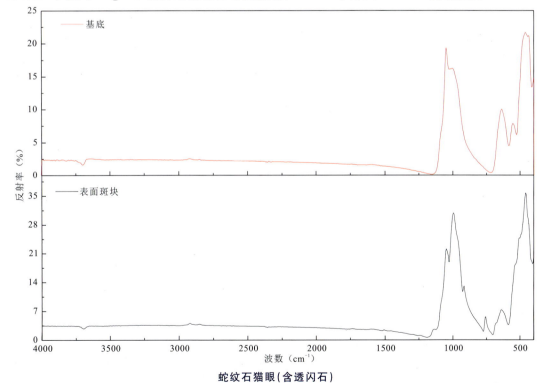

蛇纹石猫眼(含透闪石)

蛇纹石猫眼(含透闪石)样品的基底显示蛇纹石的红外光谱,表面局部浅色斑块显示透闪石的红外光谱。

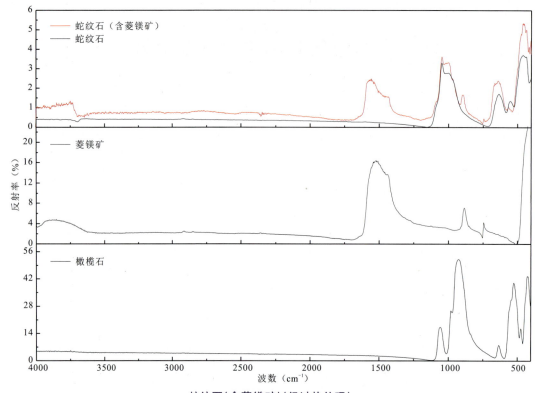

蛇纹石(含菱镁矿)(经过热处理)

蛇纹石(含菱镁矿)样品的表面呈现饱和度较高的橘黄色,与新鲜断口处的颜色存在明显差异。样品显示蛇纹石、菱镁矿、橄榄石的混合红外反射光谱,由于橄榄石的含量相对较低,未对光谱整体峰形产生明显影响,仅显示部分红外峰。

二、紫外-可见光谱

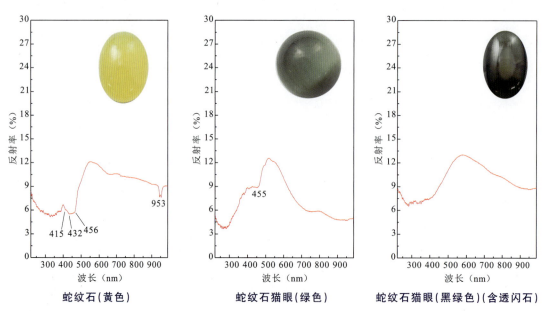

蛇纹石(黄色)　　　　蛇纹石猫眼(绿色)　　　　蛇纹石猫眼(黑绿色)(含透闪石)

黄色蛇纹石样品的紫外-可见光谱中，415nm、432nm 吸收峰归属于 Fe^{3+} 跃迁，456nm、953nm 吸收峰归属于 Fe^{2+} 跃迁。绿色蛇纹石猫眼样品的紫外-可见光谱中，455nm 归属于 Fe^{2+} 跃迁。墨绿色蛇纹石猫眼样品的紫外-可见光谱与绿色蛇纹石猫眼样品存在较大差异，推测可能是受到了其表面透闪石斑块的影响。

三、拉曼光谱

由于蛇纹石亚种之间的结构差异，不同亚种之间的拉曼光谱也存在差异。

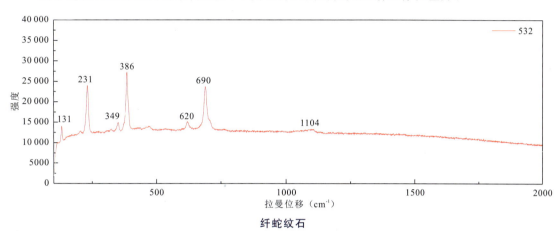

纤蛇纹石

纤蛇纹石样品的拉曼光谱中，主要显示 231cm^{-1}、386cm^{-1}、690cm^{-1} 附近强特征峰，其中 231cm^{-1} 附近拉曼峰归属于 O—H—O 基团的振动，386cm^{-1} 附近拉曼峰归属于 $[SiO_4]^{4-}$ 四面体的弯曲振动，690cm^{-1} 附近拉曼峰归属于 Si—O_b（桥氧）—Si 的对称伸缩振动。另外，349cm^{-1} 附近拉曼峰由 $[SiO_4]^{4-}$ 四面体的弯曲振动引起，620cm^{-1} 附近拉曼峰归属于 OH—Mg—OH 的转换模式，1104cm^{-1} 附近由 Si—O_{nb}（非桥氧）—Si 的反对称伸缩振动引起。

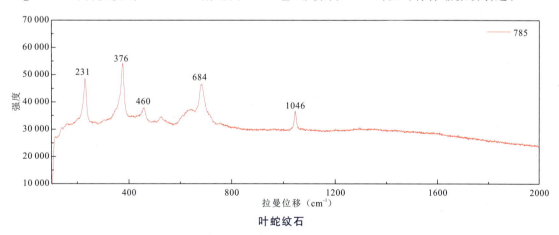

叶蛇纹石

叶蛇纹石样品的拉曼光谱中，主要显示 231cm^{-1}、376cm^{-1}、460cm^{-1}、684cm^{-1}、1046cm^{-1} 附近强特征峰，460cm^{-1} 附近拉曼峰归属于 Si—O 弯曲振动，684cm^{-1} 附近拉曼峰归属于 Si—O_{nb}（非桥氧）—Si 的弯曲振动，1046cm^{-1} 附近拉曼峰归属于 Si—O_b（桥氧）—Si 的反对称伸缩振动。

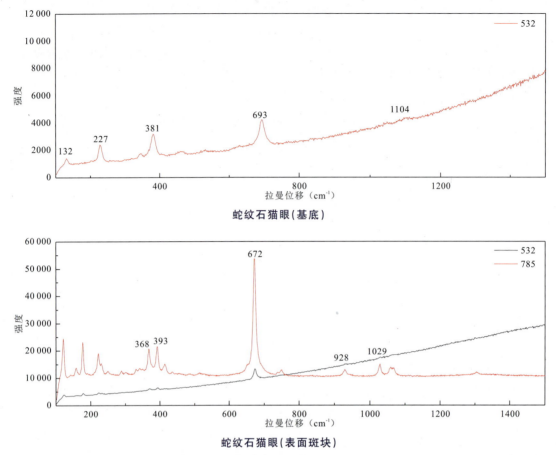

蛇纹石猫眼(基底)

蛇纹石猫眼(表面斑块)

蛇纹石猫眼样品的基底显示纤蛇纹石的拉曼图谱。样品表面斑块显示透闪石拉曼光谱,其中 $1029cm^{-1}$、$928cm^{-1}$ 附近归属于 Si—O 伸缩振动,$672cm^{-1}$ 归属于 Si—O—Si 伸缩振动,$393cm^{-1}$、$368cm^{-1}$ 归属于 M—O 弯曲振动和晶格振动。

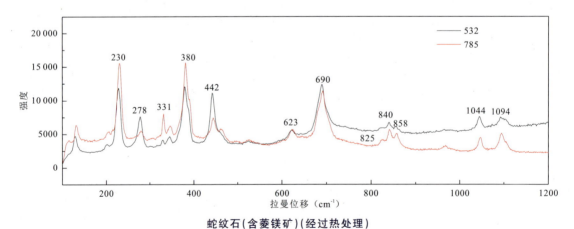

蛇纹石(含菱镁矿)(经过热处理)

蛇纹石(含菱镁矿)样品主要显示蛇纹石和菱镁矿的混合拉曼光谱。蛇纹石应属于叶蛇纹石,$442cm^{-1}$ 附近拉曼峰归属于 Si—O 弯曲振动,$690cm^{-1}$ 附近拉曼峰归属于 Si—O_{nb}(非桥氧)—Si 的弯曲振动,$1044cm^{-1}$ 附近拉曼峰归属于 Si—O_b(桥氧)—Si 的反对称伸缩振动。菱镁矿杂质主要显示 331cm^{-1}、1094cm^{-1} 附近拉曼峰，前者归属于 $[CO_3]^{2-}$ 碳氧面外弯曲振动，后者归属于 $[CO_3]^{2-}$ 对称伸缩振动。

另外，样品表面的拉曼光谱中还可见 825cm^{-1}、858cm^{-1} 附近橄榄石的拉曼峰，可作为样品经过热处理的鉴定依据。

萤石（Fluorite）

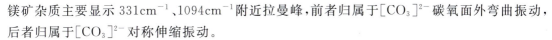

CaF_2

一、红外光谱

1. 反射光谱

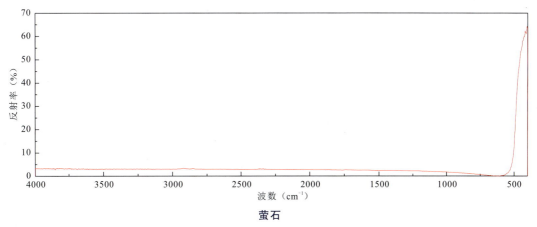

萤石

萤石样品的红外反射光谱中，600~4000cm^{-1} 区域内无明显红外峰。

2. 透射光谱

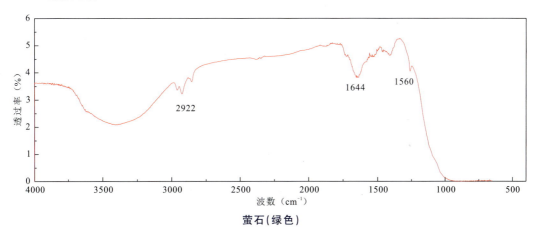

萤石（绿色）

萤石样品的红外透射光谱中，可见 2922cm^{-1}、1644cm^{-1}、1560cm^{-1} 等明显红外峰。

二、紫外-可见光谱

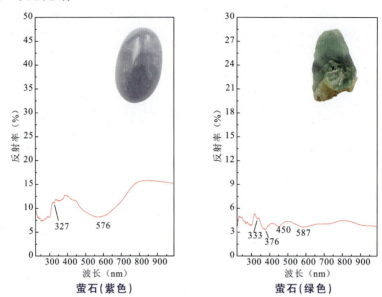

萤石(紫色)　　萤石(绿色)

紫色萤石样品的紫外-可见光谱中,可见327nm处弱吸收及576nm附近宽吸收带。绿色萤石样品的紫外-可见光谱中,可见333nm处弱吸收及376nm、450nm、587nm附近宽吸收带。

三、拉曼光谱

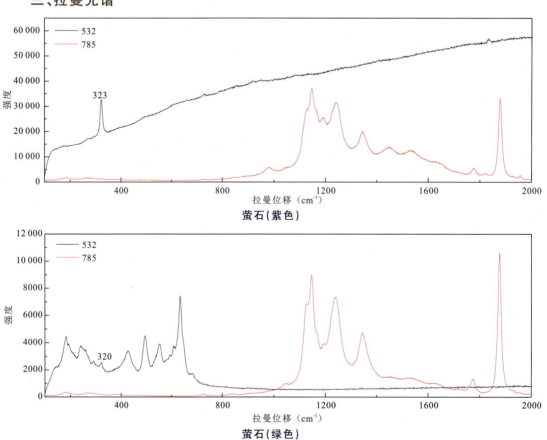

萤石(紫色)

萤石(绿色)

紫色萤石样品的拉曼光谱中，323cm^{-1}是典型的萤石拉曼峰。在532nm、785nm 光源的激发下，绿色萤石显示较强的荧光背景。

四、X 射线荧光光谱

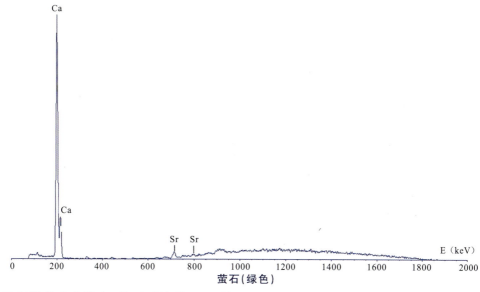

萤石(绿色)

X 射线荧光光谱中，萤石可见明显 Ca 峰。

石英岩(Quartzite)

SiO_2

一、红外光谱

1. 反射光谱

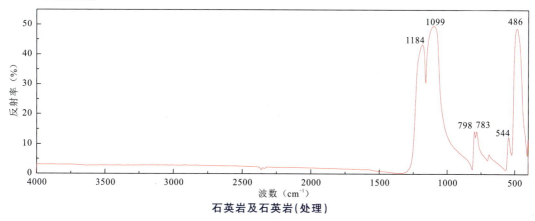

石英岩及石英岩(处理)

红外反射光谱中，石英岩样品的 1184cm^{-1}、1099cm^{-1}峰属 Si—O 非对称伸缩振动。798cm^{-1}、783cm^{-1}属 Si—O—Si 对称伸缩振动。300～600cm^{-1}属 Si—O 弯曲振动，主要分布在 544cm^{-1}、486cm^{-1}附近。

2. 透射光谱

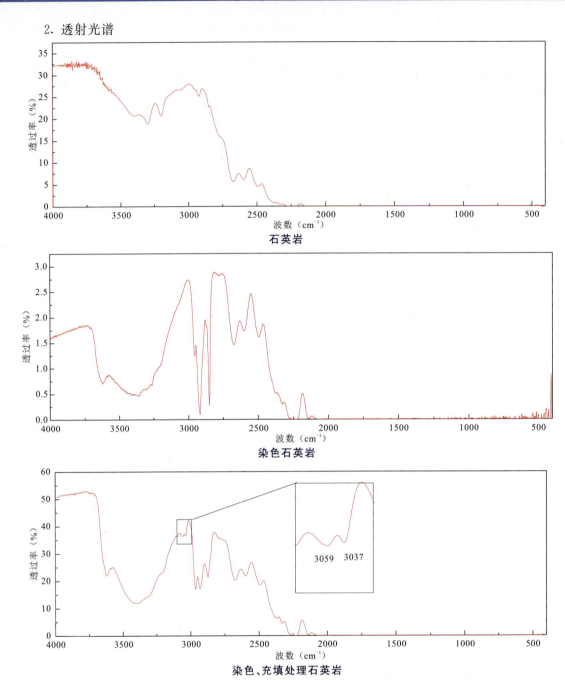

石英岩

染色石英岩

染色、充填处理石英岩

与未经处理的天然石英岩样品相比,经过染色、充填处理的石英岩样品的红外透射光谱中出现 $2800\sim3000cm^{-1}$ 强峰及 $3059cm^{-1}$、$3037cm^{-1}$ 附近双峰,可作为石英岩经人工树脂充填的有力证据。

二、紫外-可见光谱

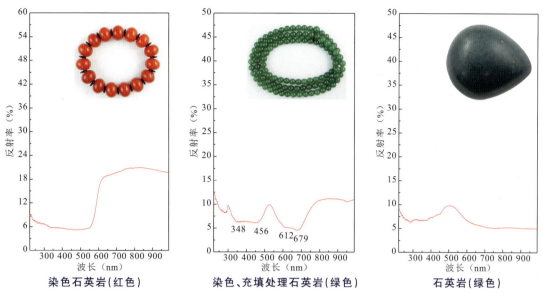

染色石英岩（红色）　　　染色、充填处理石英岩（绿色）　　　石英岩（绿色）

紫外-可见光谱中，红色染色石英岩在550nm以下存在普遍吸收；染色、充填处理的绿色石英岩样品可见679nm、612nm、456nm、348nm吸收带；绿色石英岩样品无明显吸收特征。

三、拉曼光谱

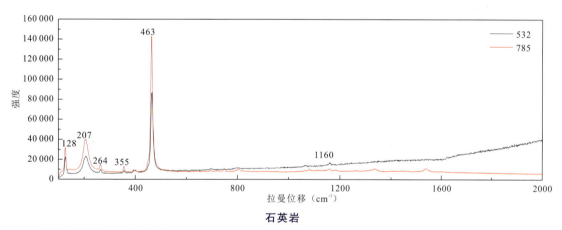

石英岩

拉曼光谱中，石英岩样品可见1160cm^{-1}、463cm^{-1}、207cm^{-1}、128cm^{-1}等拉曼峰。其中1160cm^{-1}属Si—O非对称伸缩振动，463cm^{-1}属Si—O弯曲振动，207cm^{-1}处的谱峰与[SiO$_4$]$^{4-}$的旋转振动或平移振动有关。600～800cm^{-1}范围有强度较弱的窄带，属Si—O—Si对称伸缩振动。

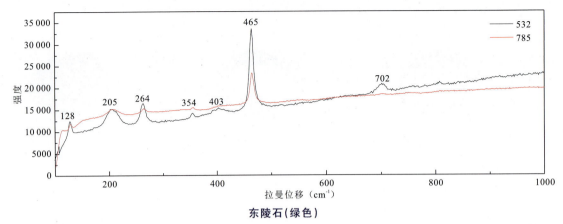

东陵石(绿色)

绿色东陵石样品的拉曼光谱中,264cm^{-1}、403cm^{-1}、702cm^{-1}三个拉曼峰由云母包裹体所致,其中702cm^{-1}由Si—O—Si的伸缩和弯曲振动所致,403cm^{-1}、264cm^{-1}由阳离子-氧多面体振动引起。其他拉曼峰由石英所致,1000~1200cm^{-1}内归属于Si—O非对称伸缩振动,600~800cm^{-1}内归属于Si—O—Si对称伸缩振动,200~300cm^{-1}内与硅氧四面体旋转振动或平移振动有关。465cm^{-1}附近强且尖锐的拉曼峰是由α-石英中Si—O对称弯曲振动引起,具有最强的光谱特征,具有鉴定意义。

玉髓(玛瑙)(Chalcedony)

SiO_2

一、红外反射光谱

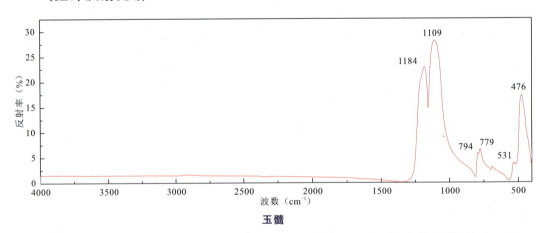

玉髓

玉髓的红外反射光谱中,1184cm^{-1}、1109cm^{-1}属Si—O非对称伸缩振动。600~800cm^{-1}区域内红外峰属Si—O—Si对称伸缩振动,可见分裂为794cm^{-1}、779cm^{-1}一对锐双峰。300~600cm^{-1}属Si—O弯曲振动,主要分布在531cm^{-1}、476cm^{-1}附近。

二、紫外-可见光谱

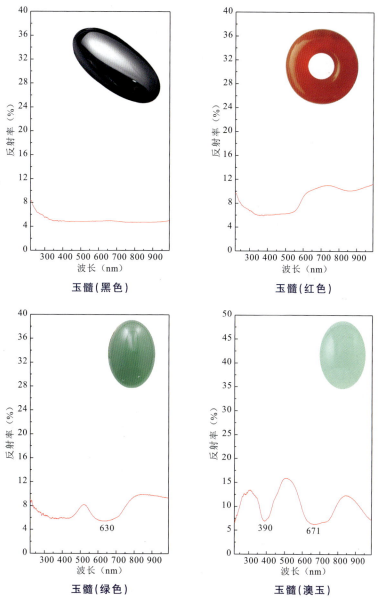

黑色玉髓普遍反射率较低；红色玉髓在 350～550nm 普遍吸收；绿色玉髓具有以 630nm 为中心的宽吸收带；玉髓（澳玉）具有 390nm、671nm 吸收。

三、拉曼光谱

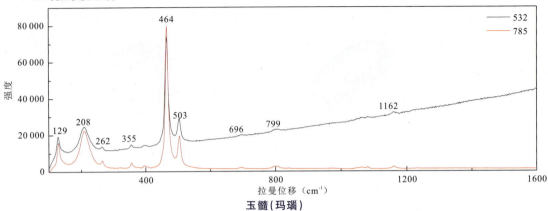

玉髓（玛瑙）

玉髓（玛瑙）的拉曼光谱散射峰主要分布在 1162cm^{-1}、503cm^{-1}、464cm^{-1}、208cm^{-1}、129cm^{-1} 处。1162cm^{-1} 处属 Si—O 非对称伸缩振动。其中 464cm^{-1} 处的散射峰最为尖锐，强度最大，属 Si—O 弯曲振动。208cm^{-1} 处的谱峰与 [SiO$_4$] 的旋转振动或平移振动有关。600~800cm^{-1} 范围有强度较弱的窄带，属 Si—O—Si 对称伸缩振动。503cm^{-1} 拉曼峰指示了玉髓中斜硅石的存在。

红碧石（Red Jasper）

SiO$_2$

一、红外反射光谱

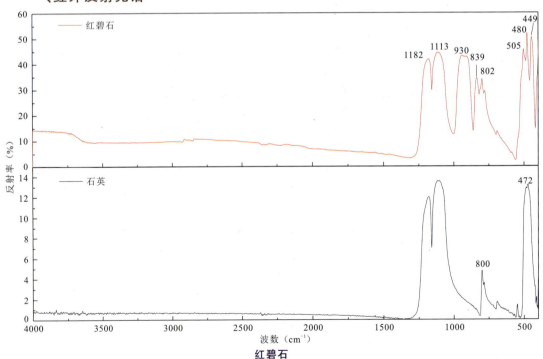

红碧石

红外反射光谱中,杂质较少的红碧石样品基本呈现石英的红外峰,在950～1200cm^{-1}范围内的O—Si—O非对称伸缩振动和Si—O—(Al)伸缩谱带明显,779cm^{-1}和798cm^{-1}附近可见Si—O对称伸缩振动峰,484cm^{-1}附近可见O—Si—O弯曲振动峰。杂质较多的红碧石样品中,还可见930cm^{-1}、839cm^{-1}等与$[SiO_4]^{4-}$相关的红外峰,480cm^{-1}、449cm^{-1}等与Fe—O相关红外峰,与钙铁榴石的红外反射特征相符。

二、紫外-可见光谱

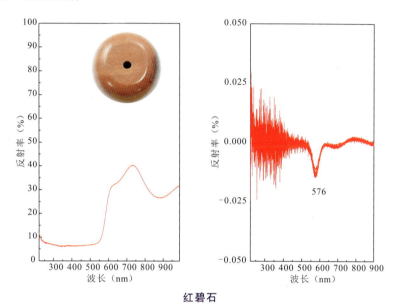

红碧石

红碧石样品的紫外-可见光谱中,550nm以下普遍吸收,可见880nm附近吸收带及680nm附近弱吸收。对样品的紫外-可见光谱转换后进行一阶求导,结果显示红碧石的谱图中仅显示576nm处一个主峰,与赤铁矿的一阶导数光谱中的特征峰相符,因此推测红碧石主要由赤铁矿致色。

三、拉曼光谱

红碧石中的深色脉及褐色杂质较为常见,采用激光拉曼光谱仪对红碧石样品的红色基底、深色脉、褐色杂质及内部的放射状结构分别进行了拉曼光谱测试,结果如下图所示。

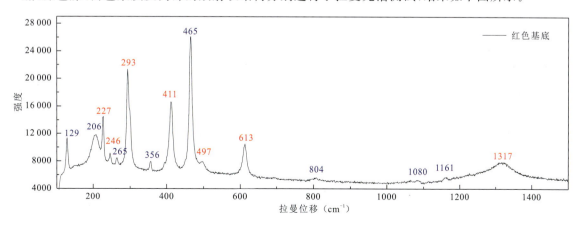

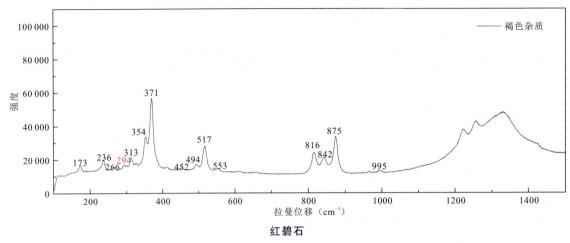

红碧石

激光拉曼光谱结果表明,红碧石样品红色基底在 $100\sim1500cm^{-1}$ 范围内存在较为明显的拉曼峰,其中 $129cm^{-1}$、$206cm^{-1}$、$265cm^{-1}$、$356cm^{-1}$、$465cm^{-1}$、$804cm^{-1}$、$1080cm^{-1}$、$1161cm^{-1}$ 与石英有关,$227cm^{-1}$、$246cm^{-1}$、$293cm^{-1}$、$411cm^{-1}$、$497cm^{-1}$、$613cm^{-1}$、$1317cm^{-1}$ 与赤铁矿有关。红碧石样品的深色脉仅显示石英的拉曼峰,表明其为较纯净的石英脉。而褐色杂质及其放射状结构在 $300\sim1400cm^{-1}$ 范围内均显示钙铁榴石的拉曼峰,其中 $313cm^{-1}$ 和 $[SiO_4]^{4-}$ 旋转振动有关,$452cm^{-1}$、$494cm^{-1}$、$517cm^{-1}$、$553cm^{-1}$ 与 Si—O 弯曲振动有关,$816cm^{-1}$、$842cm^{-1}$、$995cm^{-1}$ 和 Si—O 伸缩振动有关。

四、X 射线荧光光谱

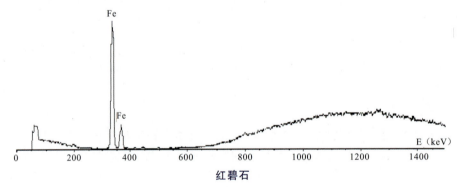

红碧石

红碧石样品的 X 射线荧光光谱可见明显的 Fe 峰。

南红（Nanhong）

SiO_2

一、红外光谱

1. 反射光谱

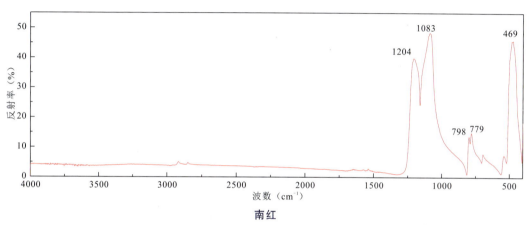

南红

南红样品的红外反射光谱中，900～1200cm^{-1}范围内的Si—O伸缩振动谱带明显，798cm^{-1}和779cm^{-1}处呈现特征的Si—O对称伸缩振动峰。

2. 透射光谱

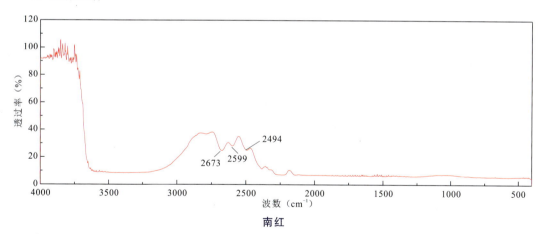

南红

南红红外透射光谱中，2000～2800cm^{-1}范围内为Si—O键的倍频吸收，主要位于2673cm^{-1}、2599cm^{-1}、2494cm^{-1}处。

二、紫外-可见光谱

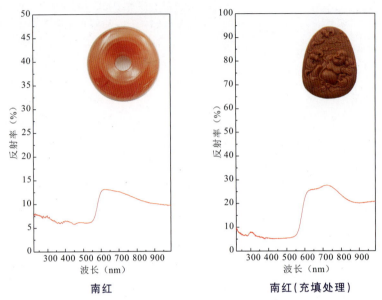

南红　　　　　　　　南红(充填处理)

南红样品整体呈现较均匀的高饱和度的红色,在250nm、280nm附近有吸收峰,300～550nm区域内有宽吸收带,在680nm及900nm附近存在弱吸收。

三、拉曼光谱

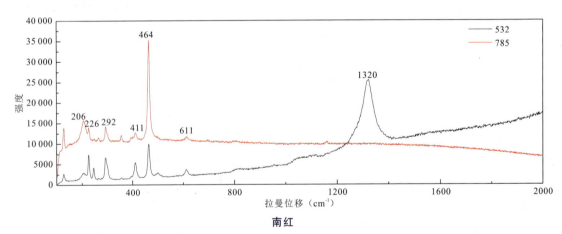

南红

南红样品的拉曼光谱中,可见典型的赤铁矿拉曼峰,主要在226cm^{-1}、292cm^{-1}、411cm^{-1}、611cm^{-1}、1320cm^{-1}处。强而尖锐的464cm^{-1}归属Si—O弯曲振动,为石英基底的拉曼峰。

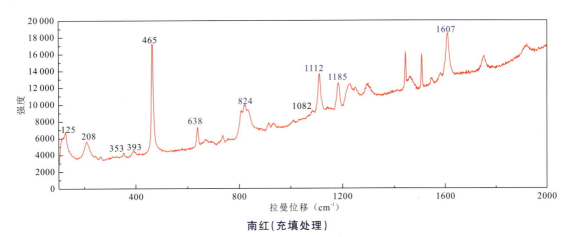

南红(充填处理)

南红(充填处理)拉曼光谱中标注为黑色的为石英峰,蓝色的为环氧树脂峰,未见赤铁矿的峰,未标注的拉曼峰指示成分未知。

硅化木(Silicified Wood)

SiO_2,有机成分

一、红外反射光谱

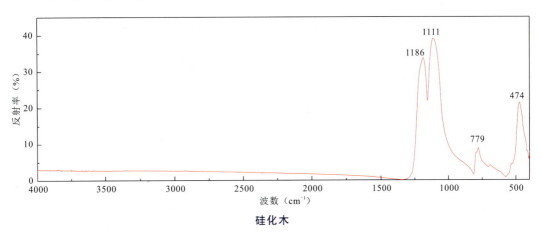

硅化木

红外反射光谱中,硅化木样品呈现石英的红外峰,900~1200 cm^{-1} 范围内的 Si—O 伸缩振动谱带,795 cm^{-1}、779 cm^{-1} 附近为 Si—O 对称伸缩振动峰。

二、紫外-可见光谱

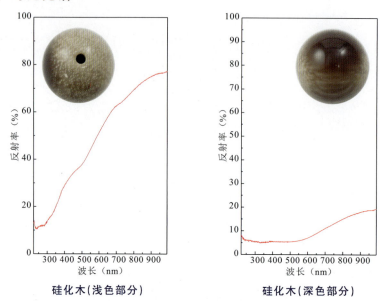

硅化木(浅色部分)　　　　　硅化木(深色部分)

紫外-可见光谱中,硅化木样品未呈现典型的吸收特征,深色部分的反射率明显低于浅色部分。

三、拉曼光谱

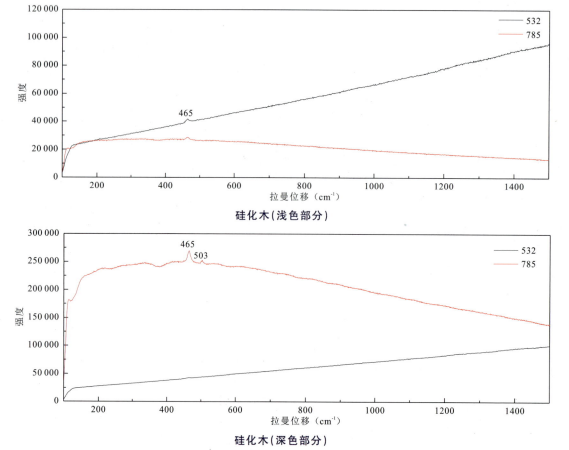

硅化木(浅色部分)

硅化木(深色部分)

在不同的激发光源下,硅化木样品的浅色部分均仅可见归属于石英的 465cm^{-1} 拉曼峰。在 785nm 激发光源条件下,硅化木样品的深色部分还可见 503cm^{-1} 拉曼峰,指示了样品中斜硅石的存在。

木变石(Silicified Asbestos)

SiO_2

一、红外反射光谱

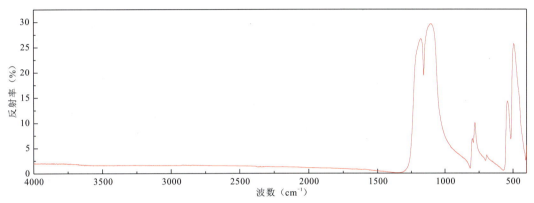

虎睛石(红色、黄色)、鹰眼石(蓝色)

红外反射光谱中,木变石主要显示石英的红外峰,900~1200cm^{-1} 范围内的 Si—O 伸缩振动谱带,800cm^{-1}、782cm^{-1} 附近的 Si—O 对称伸缩振动峰。

二、紫外-可见光谱

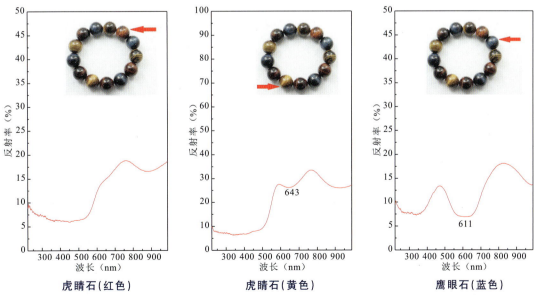

虎睛石(红色)　　虎睛石(黄色)　　鹰眼石(蓝色)

紫外-可见光谱中,红色虎睛石样品 550nm 以下普遍吸收,可见 880nm 附近吸收带及

680nm 附近弱吸收。黄色虎睛石样品 500nm 以下普遍吸收,可见 900nm、643nm 附近吸收带。蓝色鹰眼石样品可见 611nm 强吸收带。

三、拉曼光谱

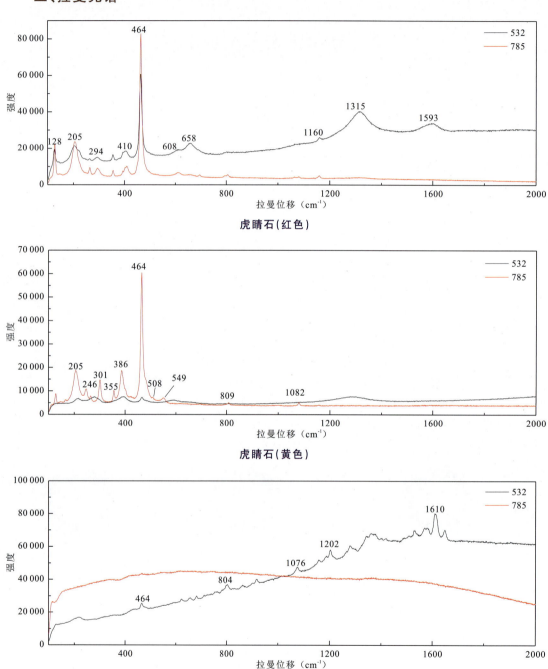

虎睛石(红色)

虎睛石(黄色)

鹰眼石(蓝色)

虎睛石和鹰眼石样品均主要显示石英的拉曼峰。红色虎睛石样品的拉曼光谱中 $246cm^{-1}$、$294cm^{-1}$、$410cm^{-1}$、$1315cm^{-1}$ 与赤铁矿有关;黄色虎睛石样品的拉曼光谱中,$1082cm^{-1}$ 代表了闪石类矿物的 Si—O 伸缩振动,其他拉曼峰的归属未知。

黑曜岩(Obsidian)

SiO_2

一、红外光谱

1. 反射光谱

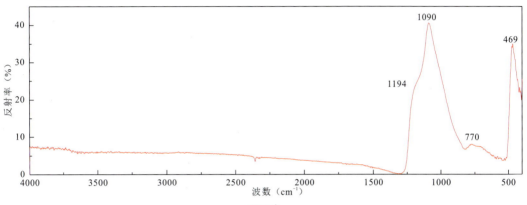

黑曜岩

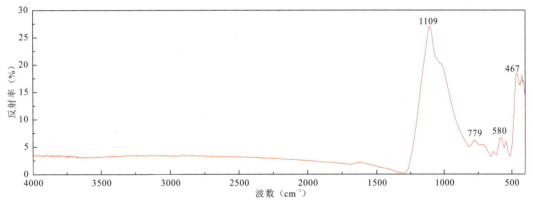

黑曜岩(雪花)

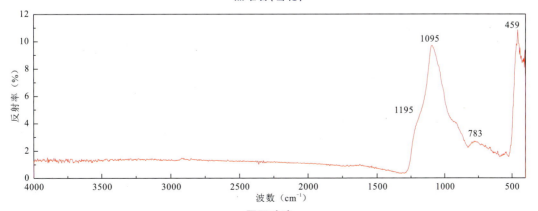

陨石玻璃

红外反射光谱中,黑曜岩和陨石玻璃样品呈现比较接近的红外峰,900～1200cm^{-1}红外峰归属于聚合多面体$[SiO_4]^{4-}$伸缩振动,750～800cm^{-1}表征非晶态玻璃的吸收带,被指定为Si—O—Si伸缩振动,400～500cm^{-1}归属于Si—O—Si弯曲振动。黑曜岩(雪花)样品的红外峰与黑曜岩样品存在差异,可能由其中的杂质矿物所致。

2. 透射光谱

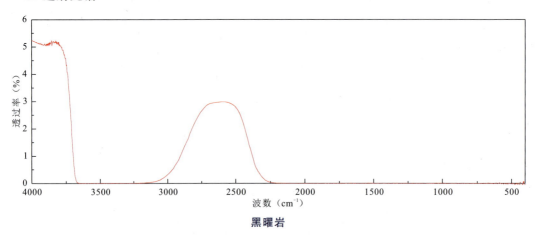

黑曜岩

红外透射光谱中,黑曜岩样品可见3200～3700cm^{-1}区域内强吸收带。

二、紫外-可见光谱

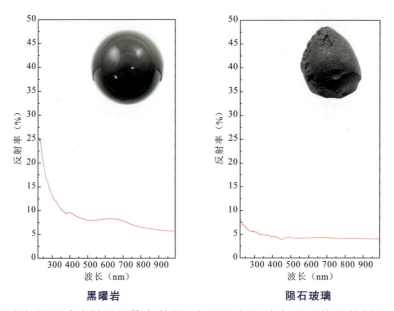

黑曜岩　　　　　　　　陨石玻璃

由于黑曜岩与陨石玻璃样品的体色较深,在可见光区域内呈现普遍较低的反射率,未见典型的吸收带或吸收峰。

三、拉曼光谱

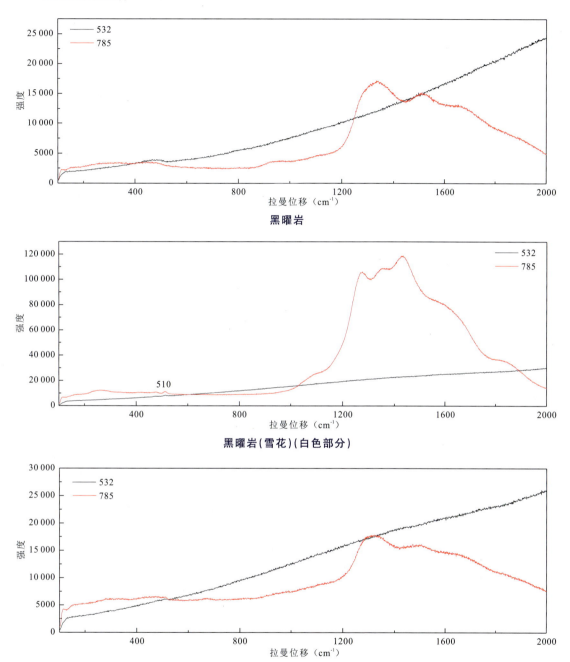

黑曜岩

黑曜岩（雪花）（白色部分）

黑曜岩（雪花）（黑色部分）

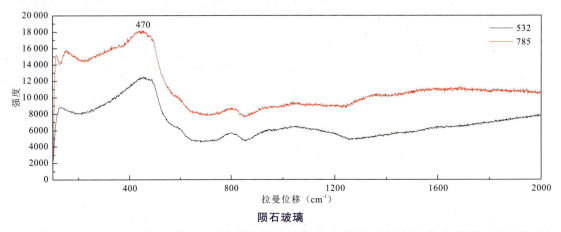

陨石玻璃

在785nm、532nm激光激发下,黑曜岩样品的拉曼光谱显示较高的荧光背景,黑曜岩(雪花)样品白色部分可见$510cm^{-1}$弱峰,归属于钠长石O_{Al}—Na—O_{Al}振动。陨石玻璃的拉曼光谱可见$470cm^{-1}$附近玻璃态特征的弥散包络峰,表明样品为玻璃体。

四、X射线荧光光谱

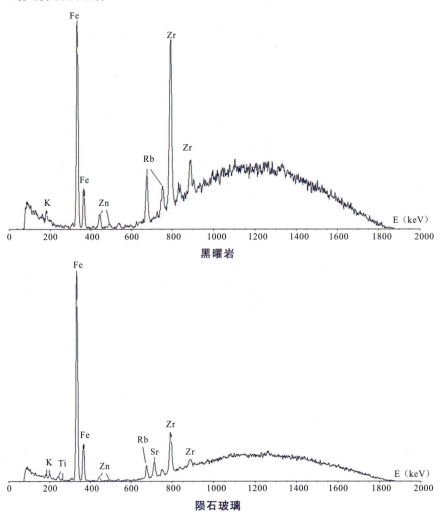

黑曜岩

陨石玻璃

X射线荧光光谱中,黑曜石、陨石玻璃样品均可见明显的Fe、Zr、Zn等峰,黑曜岩样品的Zr、Rb峰明显强于陨石玻璃样品。

查罗石(Charoite)

$$(K,Na)_5(Ca,Ba,Sr)_8(Si_6O_{15})_2Si_4O_9(OH,F) \cdot 11H_2O$$

一、红外反射光谱

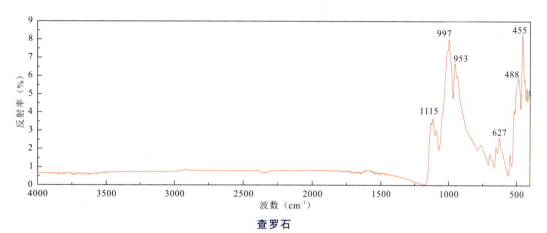

查罗石

红外反射光谱中,查罗石样品在$1115cm^{-1}$、$997cm^{-1}$、$953cm^{-1}$、$627cm^{-1}$、$488cm^{-1}$、$455cm^{-1}$附近显示典型的红外峰。

二、紫外-可见光谱

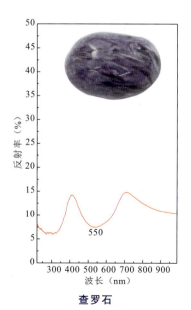

查罗石

紫外-可见光谱中,查罗石样品可见以550nm为中心的宽吸收带,推测与其内部的Mn^{3+}有关。

三、拉曼光谱

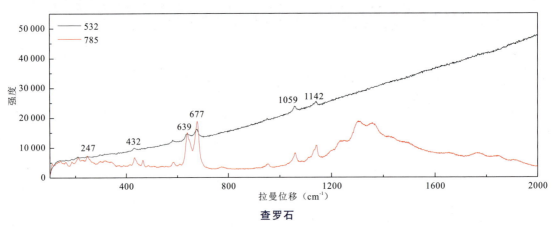

查罗石

查罗石样品的拉曼光谱中,可见与Si—O振动相关的$639cm^{-1}$、$677cm^{-1}$、$1059cm^{-1}$、$1142cm^{-1}$等拉曼峰,$247cm^{-1}$、$432cm^{-1}$处拉曼峰为M—O振动所致。

青金石(Lapis Lazuli)

$$(NaCa)_8(AlSiO_4)_6(SO_4,Cl,S)_2$$

一、红外反射光谱

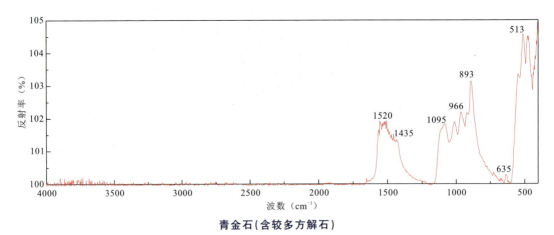

青金石(含较多方解石)

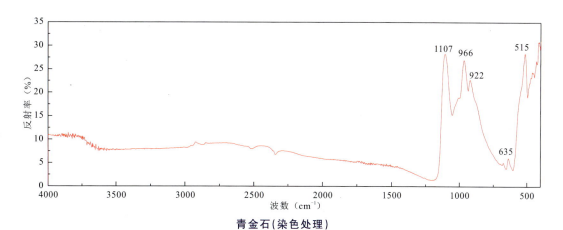

青金石(染色处理)

红外反射光谱中,青金石与青金石(染色处理)样品均显示 1095(1107)cm^{-1}、966cm^{-1}、635cm^{-1}、513(515)cm^{-1} 等典型红外峰。另外,含较多方解石的青金石样品的红外反射中,1520cm^{-1}、1435cm^{-1} 归属于 $[CO_3]^{2-}$ 的不对称伸缩振动,由方解石所致。

二、紫外-可见光谱

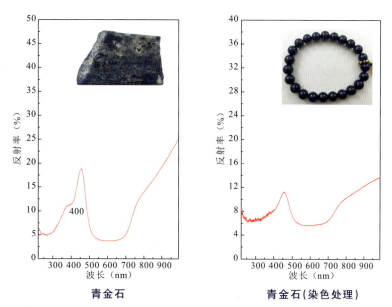

青金石　　　　　　　　　青金石(染色处理)

天然青金石样品紫外-可见光吸收光谱,显示以 400nm 为中心的弱吸收带,以及以 600nm 为中心的强吸收带。据彭明生等研究,青金石 400nm 弱吸收与 SO_4^{2-} 和 S^{2-} 有关,且与 S 含量成正比。染色青金石样品紫外-可见光吸收光谱,仅出现以 600nm 为中心的宽吸收带。

三、拉曼光谱

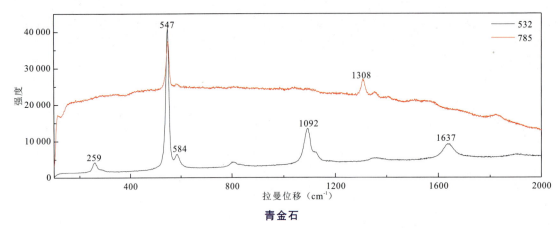

青金石

拉曼光谱中,青金石可见 $259cm^{-1}$、$547cm^{-1}$、$584cm^{-1}$、$1092cm^{-1}$ 等典型拉曼峰。

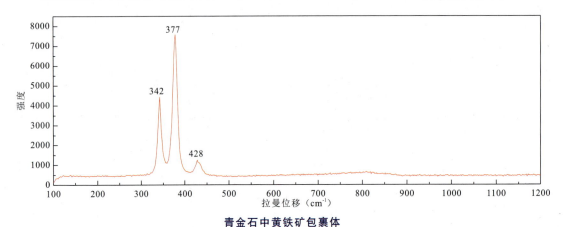

青金石中黄铁矿包裹体

青金石中黄色金属包裹体的拉曼峰符合黄铁矿的特征峰,$342cm^{-1}$ 归属于 $Fe-[S_2]^{2-}$ 弯曲振动,$377cm^{-1}$ 归属于 $Fe-[S_2]^{2-}$ 伸缩振动。

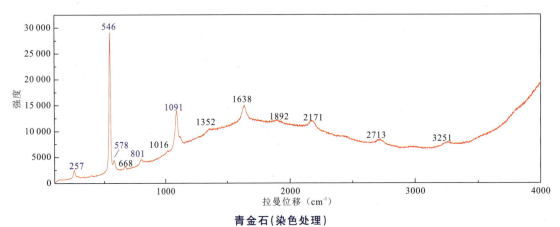

青金石(染色处理)

青金石(染色处理)的拉曼光谱中蓝色标注峰为青金石的特征峰,其他拉曼峰的原因未知。

孔雀石（Malachite）

$$Cu_2CO_3(OH)_2$$

一、红外反射光谱

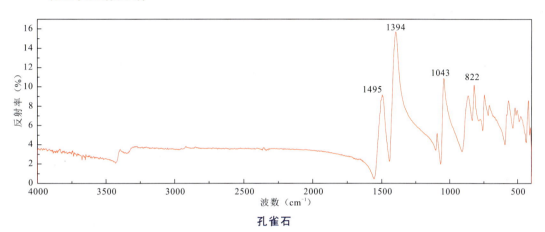

孔雀石

红外反射光谱中，孔雀石样品可见 $1495cm^{-1}$、$1394cm^{-1}$、$1043cm^{-1}$、$822cm^{-1}$ 等典型红外峰。

二、紫外-可见光谱

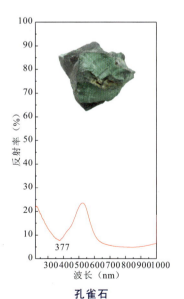

孔雀石

孔雀石样品的紫外-可见光谱中，可见以 377nm 为中心的吸收带，600～1000nm 区域内普遍吸收。

三、拉曼光谱

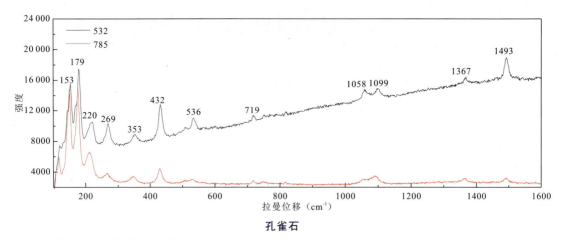

孔雀石

孔雀石样品的拉曼光谱中，153cm^{-1}、179cm^{-1}、220cm^{-1}、269cm^{-1}、353cm^{-1}、432cm^{-1}、536cm^{-1}、719cm^{-1}、1058cm^{-1}、1099cm^{-1}、1367cm^{-1}、1493cm^{-1}为特征拉曼峰。

蔷薇辉石（Rhodonite）

$$(Mn, Fe, Mg, Ca)SiO_3$$

一、红外反射光谱

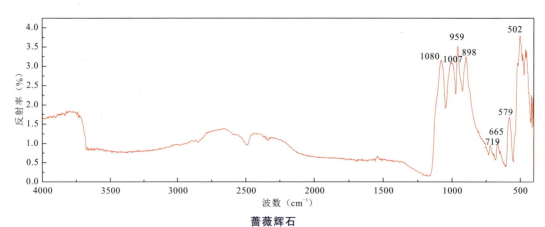

蔷薇辉石

红外反射光谱中，蔷薇辉石样品可见 1080cm^{-1}、1007cm^{-1}、959cm^{-1}、898cm^{-1}、579cm^{-1}、502cm^{-1}等典型红外峰，其中 1080cm^{-1}、1007cm^{-1}、959cm^{-1}等归属于 Si—O 与 Si—O—Si 伸缩振动和弯曲振动。

二、紫外-可见光谱

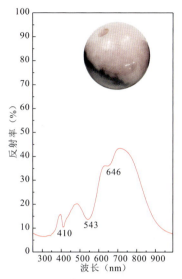

蔷薇辉石

蔷薇辉石样品可见646nm、543nm处吸收带及410nm吸收峰。

三、拉曼光谱

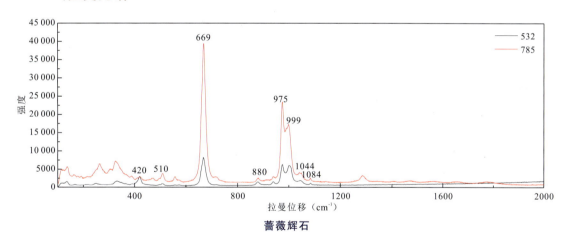

蔷薇辉石

蔷薇辉石的拉曼光谱中，420cm^{-1}归属于M—O伸缩或弯曲振动，510cm^{-1}归属于O—Si—O弯曲振动，669cm^{-1}归属于Si—O_b（桥氧）伸缩振动，880cm^{-1}、975cm^{-1}、999cm^{-1}、1044cm^{-1}归属于Si—O_{nb}（非桥氧）伸缩振动。

红宝石-黝帘石（Ruby – Zoisite）

一、红外反射光谱

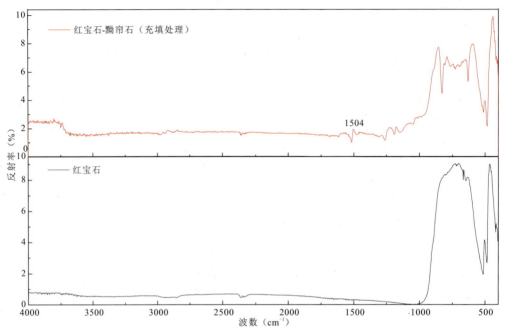

红宝石-黝帘石（充填处理）（红色部分）

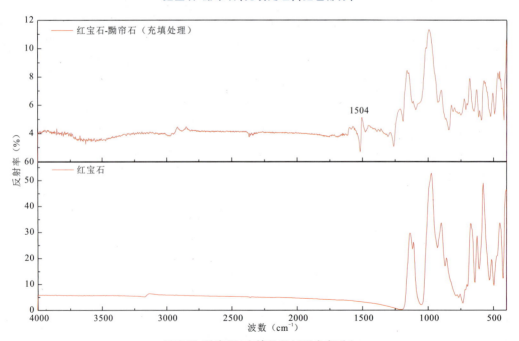

红宝石-黝帘石（充填处理）（绿色部分）

红宝石-黝帘石(充填处理)样品的红色部分显示刚玉的红外峰,绿色部分显示黝帘石的红外峰。另外,样品的红色部分与绿色部分都额外显示 $1504cm^{-1}$ 红外峰,与其中充填的有机物有关。

二、紫外-可见光谱

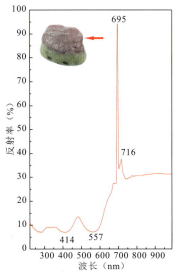 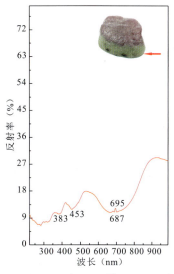

红宝石-黝帘石(充填处理)(红色部分)　　红宝石-黝帘石(充填处理)(绿色部分)

红宝石-黝帘石(充填处理)样品的红色部分显示红宝石的 Cr 谱特征(详见红宝石部分),绿色部分在 $687cm^{-1}$、$453cm^{-1}$、383nm 处可见明显吸收,另可见红宝石 695nm 荧光峰。

三、拉曼光谱

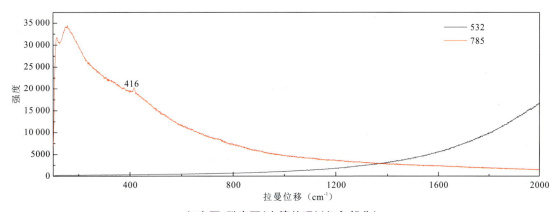

红宝石-黝帘石(充填处理)(红色部分)

在 785nm、532nm 激光光源下,红宝石-黝帘石(充填处理)的红色部分显示较强的荧光,仅可见较弱的 $416cm^{-1}$ 拉曼峰,由 $[AlO_6]$ 基团的对称弯曲振动所致。

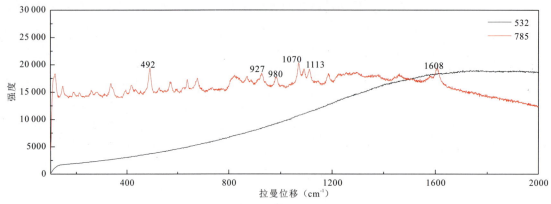

红宝石-黝帘石(充填处理)(绿色部分)

红宝石黝帘石(充填处理)样品的绿色部分主要显示 492cm^{-1}、927cm^{-1}、980cm^{-1}、1070cm^{-1} 等黝帘石的拉曼峰。1113cm^{-1}、1608cm^{-1} 拉曼峰与充填的有机物有关,其中 1608cm^{-1} 归属于苯环的伸缩振动。

苏纪石(Sugilite)

$$KNa_2Li_2Fe_2Al(Si_{12}O_{30}) \cdot H_2O$$

一、红外反射光谱

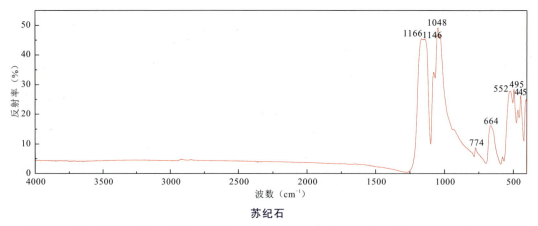

苏纪石

苏纪石样品的红外反射光谱中,可见 1166cm^{-1}、1146cm^{-1}、1048cm^{-1}、774cm^{-1}、664cm^{-1}、552cm^{-1}、495cm^{-1}、445cm^{-1} 等典型红外峰。

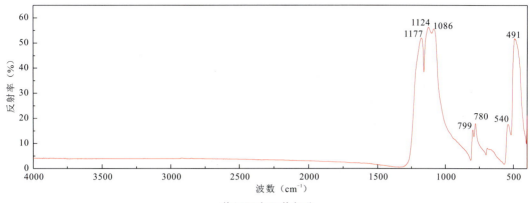

苏纪石中石英部分

苏纪石样品中石英部分显示 900~1200cm^{-1} 范围内的 Si—O 伸缩振动谱带，799cm^{-1}、780cm^{-1} 附近为 Si—O 对称伸缩振动峰。

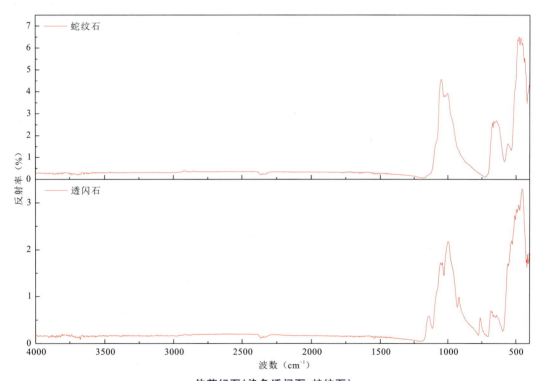

仿苏纪石（染色透闪石-蛇纹石）

利用反射法对仿苏纪石（染色透闪石-蛇纹石）进行红外测试时，可见两种图谱特征：一种与蛇纹石相符；一种与透闪石相符。

二、紫外-可见光谱

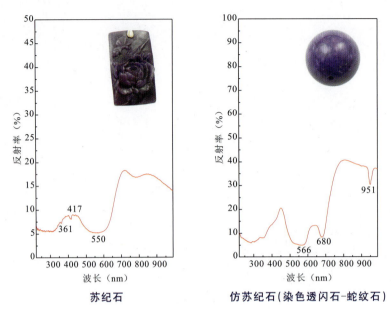

苏纪石　　　　　仿苏纪石（染色透闪石-蛇纹石）

苏纪石的紫外-可见光谱中，可见 550nm 强吸收带，417nm 吸收线是由铁和锰共同造成的。

三、拉曼光谱

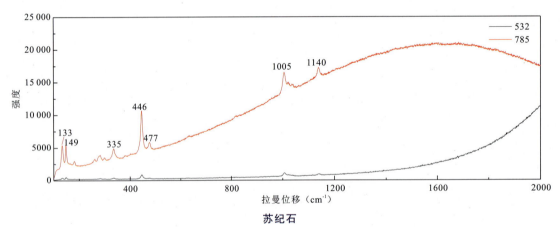

苏纪石

苏纪石样品的拉曼光谱中常可见 133cm^{-1}、149cm^{-1}、335cm^{-1}、446cm^{-1}、477cm^{-1}、1005cm^{-1}、1140cm^{-1} 附近拉曼峰，其归属尚未找到详细说明的相关文献。

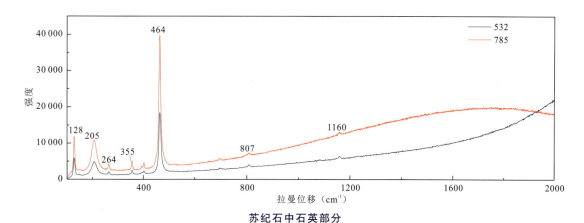

苏纪石中石英部分

苏纪石样品中石英部分的拉曼光谱中,1160 cm^{-1} 内拉曼峰归属于 Si—O 非对称伸缩振动,200～300 cm^{-1} 内拉曼峰与硅氧四面体旋转振动或平移振动有关。464 cm^{-1} 附近强且尖锐的拉曼峰是由 α-石英中 Si—O 对称弯曲振动引起。

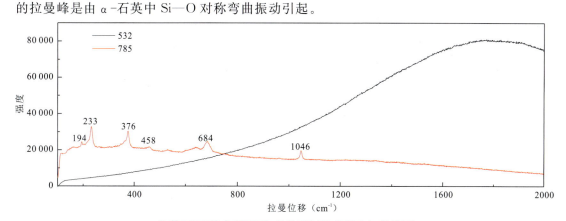

仿苏纪石(染色透闪石-蛇纹石)(浅色部分)-蛇纹石

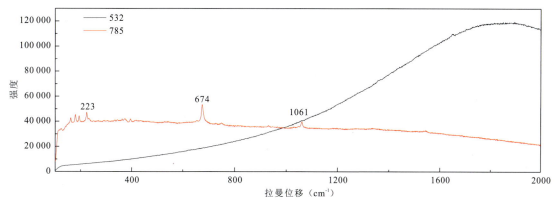

仿苏纪石(染色透闪石-蛇纹石)(深色部分)-透闪石

仿苏纪石(染色透闪石-蛇纹石)的拉曼光谱中,浅色部分与蛇纹石的拉曼光谱特征一致,458 cm^{-1} 附近拉曼峰归属于 Si—O 弯曲振动,684 cm^{-1} 附近拉曼峰归属于 Si—O(非桥氧)—Si 的弯曲振动,1046 cm^{-1} 附近拉曼峰归属于 Si—O(桥氧)—Si 的反对称伸缩振动。深色部分与透闪石的拉曼光谱特征一致,1061 cm^{-1} 归属于 Si—O 伸缩振动,674 cm^{-1} 归属于 Si—O—Si 伸缩振动。

绿泥石（Chlorite）

$$(Mg,Fe,Al)_3(OH)_6\{(Mg,Fe,Al)_3[(Si,Al)_4O_{10}](OH)_2\}$$

一、红外反射光谱

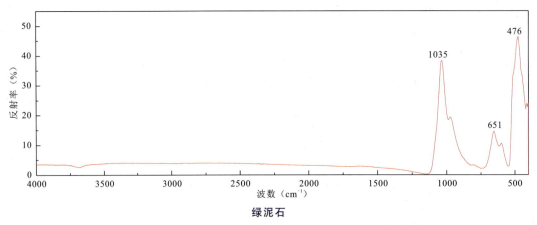

绿泥石

绿泥石的红外反射光谱中，$1035cm^{-1}$ 红外峰归属于 Si—O 对称伸缩振动，$476cm^{-1}$ 归属于 Si—O 弯曲振动，$651cm^{-1}$ 归属于 Si—O—Si 的弯曲振动。

二、紫外-可见光谱

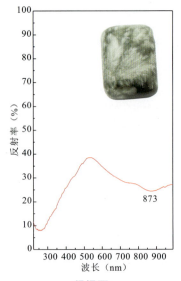

绿泥石

紫外-可见光谱中，绿泥石样品显示 873nm 弱吸收带。

三、拉曼光谱

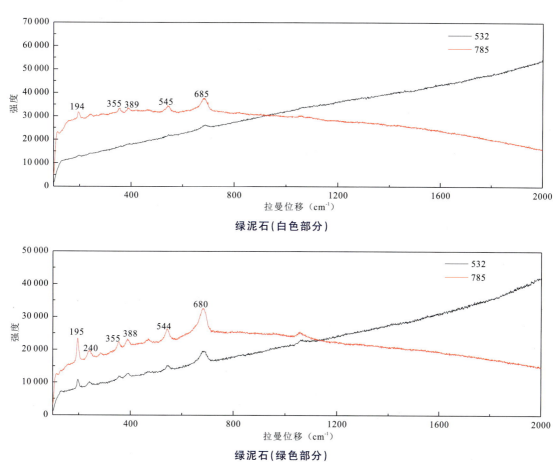

绿泥石（白色部分）

绿泥石（绿色部分）

拉曼光谱中，绿泥石样品的白色和绿色部分都具有 $685cm^{-1}$、$545cm^{-1}$、$389cm^{-1}$、$355cm^{-1}$、$194cm^{-1}$ 典型拉曼峰。

天然有机宝石图谱分析

珍珠(Pearl)

$CaCO_3$，有机成分

一、红外反射光谱

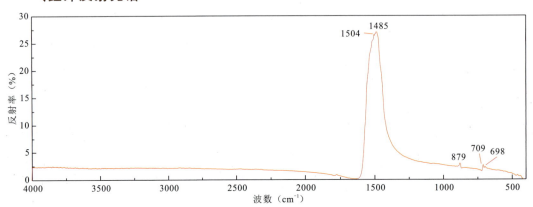

珍珠、染色处理珍珠、辐照珍珠

珍珠样品的红外反射光谱中，可见 $1485cm^{-1}$ 附近 $[CO_3]^{2-}$ 不对称伸缩振动，其附近偶尔可见 $1504cm^{-1}$ 红外峰，推测是因含有球文石而产生。$879cm^{-1}$ 附近红外峰归属于 $[CO_3]^{2-}$ 的 O—C—O 面外弯曲振动，$709cm^{-1}$、$698cm^{-1}$ 附近红外峰归属于 $[CO_3]^{2-}$ 的 O—C—O 面内弯曲振动。

二、紫外-可见光谱

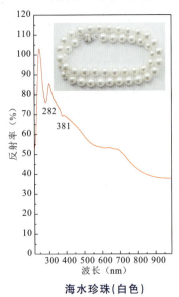

海水珍珠(白色)

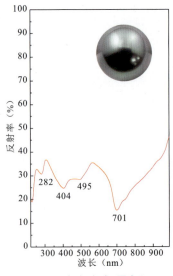

海水珍珠(黑色)

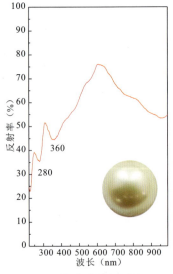

海水珍珠(金色)

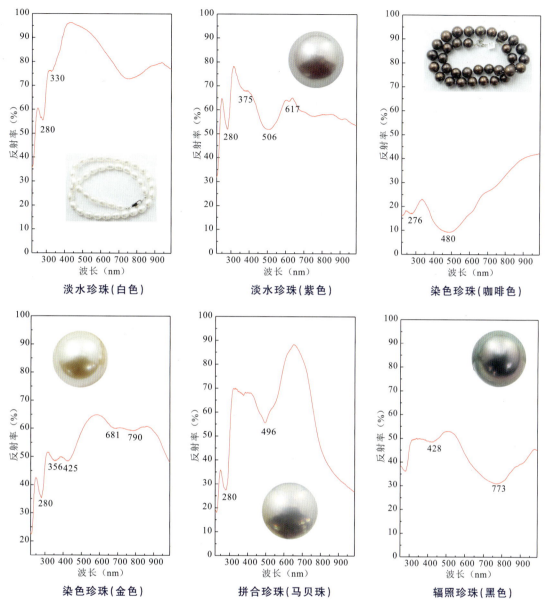

淡水珍珠(白色)　　淡水珍珠(紫色)　　染色珍珠(咖啡色)

染色珍珠(金色)　　拼合珍珠(马贝珠)　　辐照珍珠(黑色)

　　海水珍珠、淡水珍珠及优化处理珍珠的紫外-可见光谱中,均可见280nm附近与有机质相关的吸收。黑色海水珍珠常见404nm、495nm、701nm附近吸收,而Ag盐染色或辐照黑色珍珠一般缺失这三处吸收。金色海水珍珠常见360nm附近吸收,曾有学者推测为外套膜细胞组织分泌的有机质所致。金色的染色珍珠样品除自身有机质所致的356nm吸收外,主要可见425nm附近吸收,应与人工染剂有关。与白色的淡水珍珠样品相比,紫色的淡水珍珠样品在500nm可见宽吸收带。咖啡色染色珍珠样品主要可见以480nm为中心的宽吸收带。

三、拉曼光谱

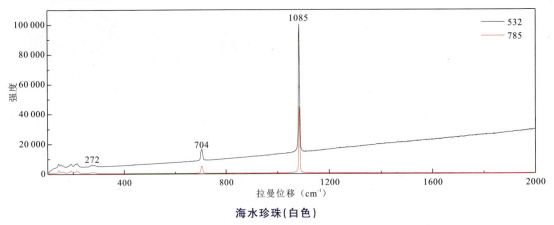

海水珍珠（白色）

白色海水珍珠样品的拉曼光谱中，$1085cm^{-1}$ 归属于文石 CO_3^{2-} 伸缩振动，$704cm^{-1}$ 处应有双峰，归属于 CO_3^{2-} 面内弯曲振动，$272cm^{-1}$ 及波数更短的拉曼峰归属于文石的晶格振动。

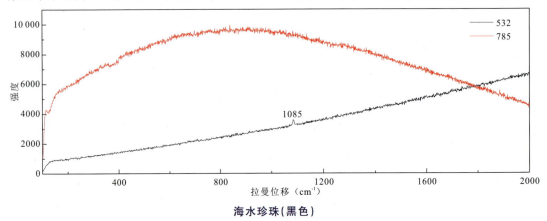

海水珍珠（黑色）

黑色海水珍珠样品的拉曼光谱具有较高的荧光背景，$1085cm^{-1}$ 归属于文石 CO_3^{2-} 伸缩振动。

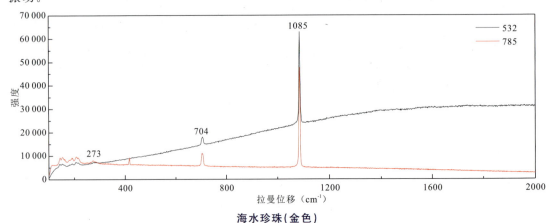

海水珍珠（金色）

金色海水珍珠样品的拉曼光谱中，$1085cm^{-1}$ 归属于文石 CO_3^{2-} 伸缩振动，$704cm^{-1}$ 处应有双峰，归属于 CO_3^{2-} 面内弯曲振动，$273cm^{-1}$ 及波数更短的拉曼峰归属于文石的晶格振动。

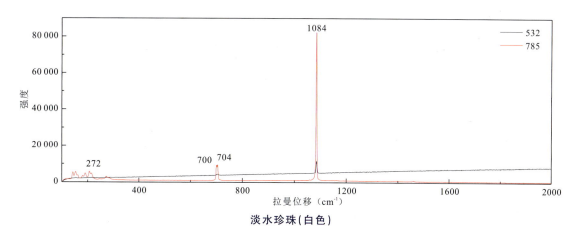
淡水珍珠(白色)

白色淡水珍珠样品的拉曼光谱中,1084cm^{-1}归属于文石CO_3^{2-}伸缩振动,700cm^{-1}、704cm^{-1}处双峰归属于CO_3^{2-}面内弯曲振动,272cm^{-1}及波数更短的拉曼峰归属于文石的晶格振动。

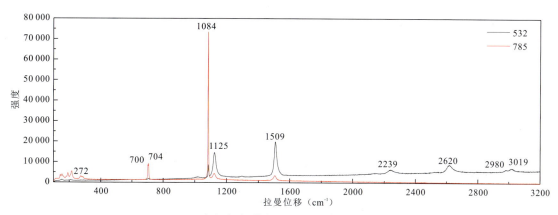
淡水珍珠(紫色)("爱迪生"珍珠)

紫色淡水珍珠样品的拉曼光谱中,1084cm^{-1}归属于文石CO_3^{2-}伸缩振动,700cm^{-1}、704cm^{-1}处双峰归属于CO_3^{2-}面内弯曲振动,272cm^{-1}及波数更短的拉曼峰归属于文石的晶格振动。1125cm^{-1}、1509cm^{-1}附近拉曼峰分别归属于多烯化合物的C—C和C═C伸缩振动。2000～3200cm^{-1}区域内为有机质的拉曼峰。

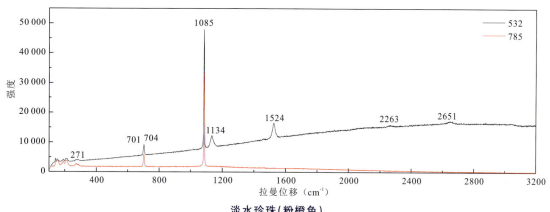
淡水珍珠(粉橙色)

粉橙色淡水珍珠样品的拉曼光谱中，1085 cm^{-1} 归属于文石 CO_3^{2-} 伸缩振动，701 cm^{-1}、704 cm^{-1} 处双峰归属于 CO_3^{2-} 面内弯曲振动，271 cm^{-1} 及波数更短的拉曼峰归属于文石的晶格振动。1134 cm^{-1}、1524 cm^{-1} 附近拉曼峰分别归属于多烯化合物。2000～3200 cm^{-1} 区域内为有机质的拉曼峰。

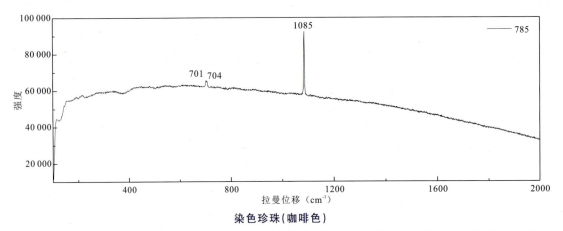

染色珍珠（咖啡色）

咖啡色的染色珍珠样品的拉曼光谱具有较高的荧光背景，仅可见三个拉曼峰，其中 1085 cm^{-1} 归属于文石 CO_3^{2-} 伸缩振动，701 cm^{-1}、704 cm^{-1} 处双峰归属于 CO_3^{2-} 面内弯曲振动。

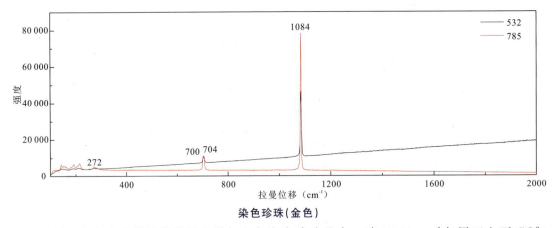

染色珍珠（金色）

金色的染色珍珠样品的拉曼光谱与金色海水珍珠基本一致，1084 cm^{-1} 归属于文石 CO_3^{2-} 伸缩振动，700 cm^{-1}、704 cm^{-1} 处双峰归属于 CO_3^{2-} 面内弯曲振动，272 cm^{-1} 及波数更短的拉曼峰归属于文石的晶格振动。

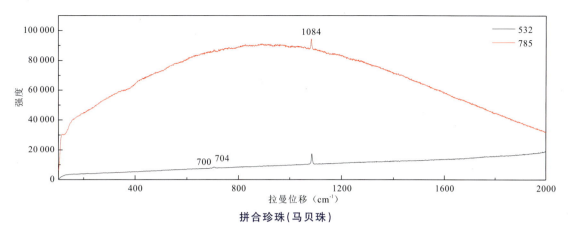

拼合珍珠（马贝珠）

拼合珍珠样品的拉曼光谱具有较高的荧光背景，1084 cm^{-1} 归属于文石 CO_3^{2-} 伸缩振动，700 cm^{-1}、704 cm^{-1} 处双峰归属于 CO_3^{2-} 面内弯曲振动。

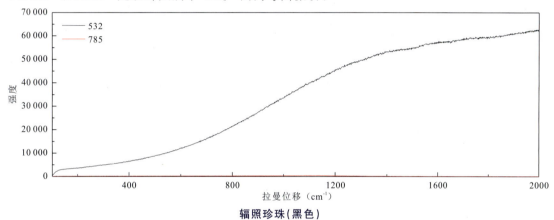

辐照珍珠（黑色）

辐照珍珠样品具有很高的荧光背景，掩盖了文石的拉曼峰。

四、X 射线荧光光谱

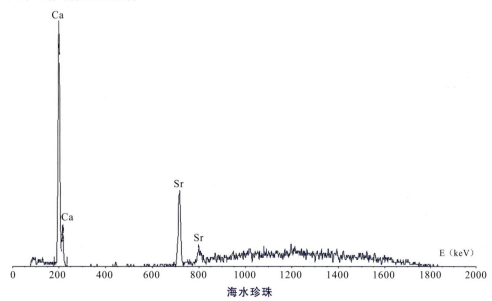

海水珍珠

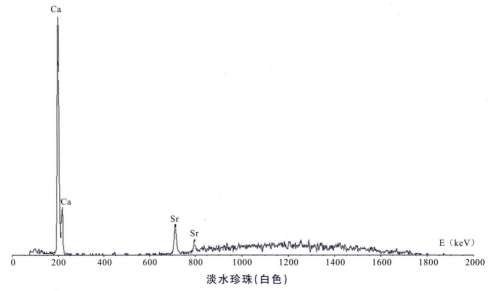

淡水珍珠(白色)

海水珍珠样品的 Sr/Ca 明显高于淡水珍珠样品,可作为区分海水珍珠与淡水珍珠的有力证据之一。另外,淡水珍珠通常可见较为明显的 Mn 元素,也可作为判断的辅助依据。

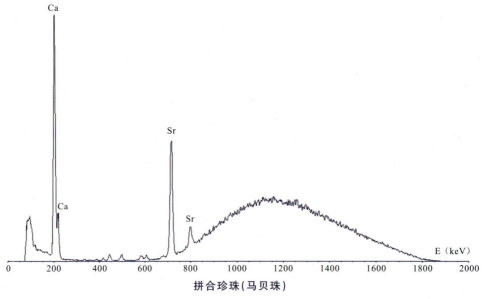

拼合珍珠(马贝珠)

由于拼合珍珠(马贝珠)是在海水的环境中养殖的,因而与海水珍珠具有相近的元素组合及 Sr/Ca 比值。

贝壳（Shell）

$CaCO_3$，有机成分

一、红外反射光谱

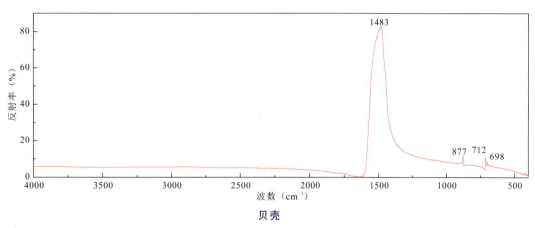

贝壳

贝壳样品的红外反射光谱中，1483cm^{-1}归属于$[CO_3]^{2-}$的不对称伸缩振动，877cm^{-1}归属于$[CO_3]^{2-}$的面外弯曲振动，712cm^{-1}、698cm^{-1}归属于$[CO_3]^{2-}$的面内弯曲振动。

二、紫外-可见光谱

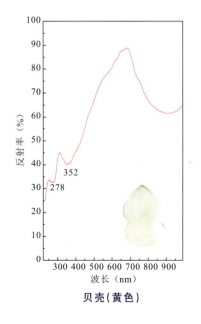

贝壳（黄色）

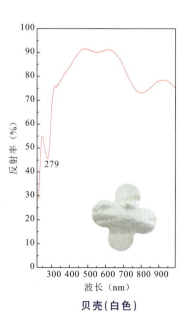

贝壳（白色）

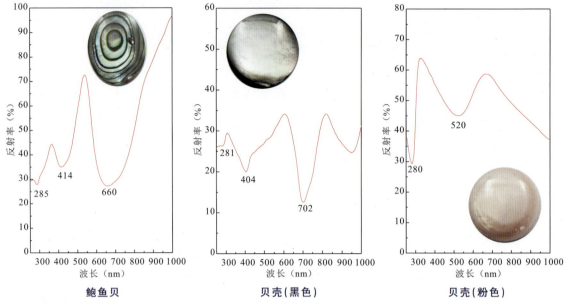

| 鲍鱼贝 | 贝壳(黑色) | 贝壳(粉色) |

测试样品的紫外-可见光谱中均可见 280nm 附近吸收峰,可能源自贝壳里的有机质成分。黑色贝壳样品的紫外-可见光谱与黑珍珠基本一致。

三、拉曼光谱

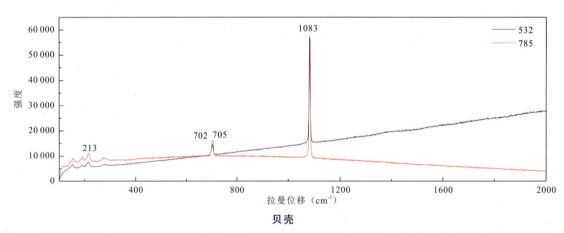

贝壳

贝壳样品的拉曼光谱中,$1083cm^{-1}$ 拉曼峰表征 $[CO_3]^{2-}$ 中 C—O 对称伸缩振动;$705cm^{-1}$、$702cm^{-1}$ 表征 $[CO_3]^{2-}$ 的面外弯曲振动;$213cm^{-1}$ 则是由晶格振动产生。

珊 瑚（Coral）

$CaCO_3$，有机成分

一、红外反射光谱

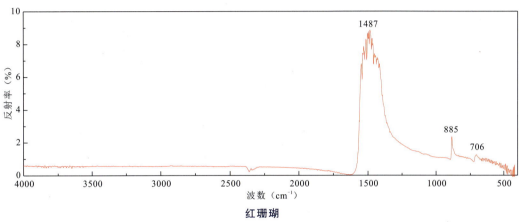

红珊瑚

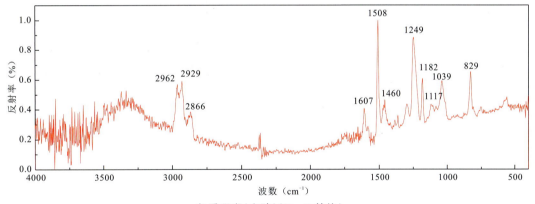

角质珊瑚（充胶）（K-K 转换）

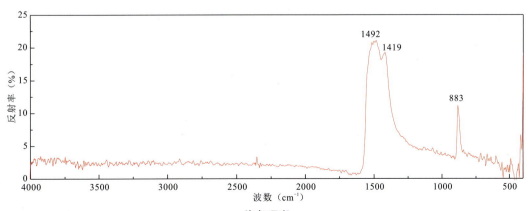

染色珊瑚

1492 cm^{-1}附近为C—O对称伸缩振动峰,883 cm^{-1}附近的Ca—O振动峰,与方解石的图谱近似,通过红外反射光谱无法区分红珊瑚与染色红珊瑚。

二、紫外-可见光谱

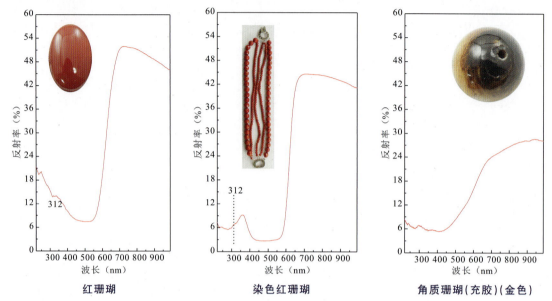

红珊瑚　　　　　　　　染色红珊瑚　　　　　　　角质珊瑚(充胶)(金色)

红珊瑚样品的紫外-可见光谱中可见312nm吸收带及450～550nm宽吸收带;染色红珊瑚样品在312nm处基本无吸收,在400～570nm显示宽吸收带,符合红珊瑚与染色珊瑚的鉴别特征。

三、拉曼光谱

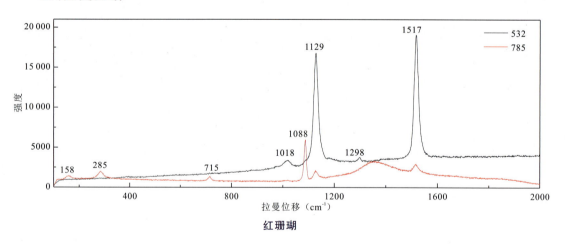

红珊瑚

天然有机宝石图谱分析

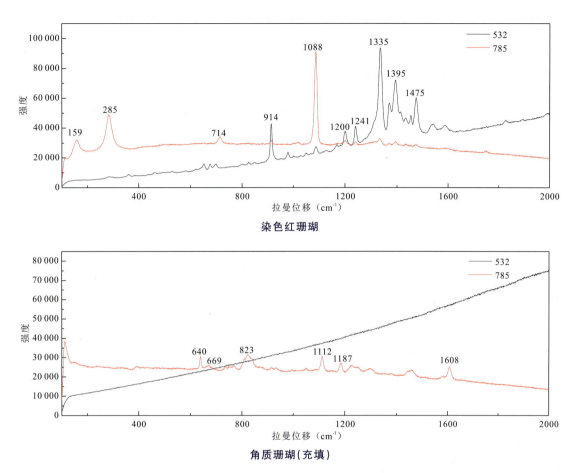

染色红珊瑚

角质珊瑚(充填)

红珊瑚样品与染色红珊瑚样品的拉曼光谱中均出现了 $1085cm^{-1}$、$712cm^{-1}$、$282cm^{-1}$ 附近方解石特征拉曼峰。在 $1000\sim1600cm^{-1}$ 的范围内红珊瑚可见染色红珊瑚没有的 $1517cm^{-1}$、$1129cm^{-1}$ 附近的拉曼峰。其中,$1129cm^{-1}$ 归属于 C—C 单键振动,$1517cm^{-1}$ 归属于 C═C 双键的伸缩振动,位于 $1298cm^{-1}$ 和 $1018cm^{-1}$ 的微弱的谱峰由脂肪族 C—C 伸缩振动引起,与天然红珊瑚的颜色成因有关,可作为鉴别染色红珊瑚的依据。

琥珀（Amber）

$C_{10}H_{16}O$

一、红外反射光谱（经 K-K 转换）

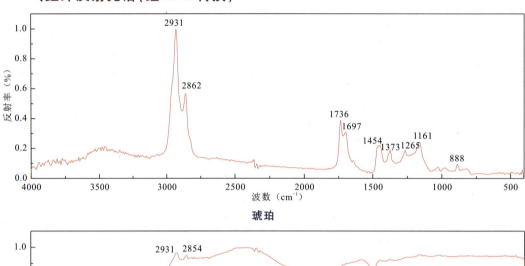

琥珀

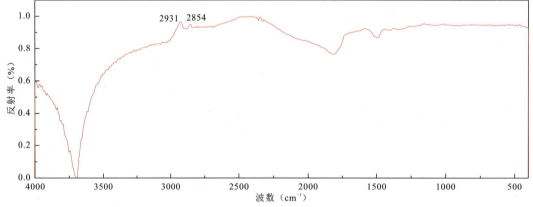

琥珀（白色）

对琥珀的红外反射光谱进行 K－K 转换，常可见 $2931cm^{-1}$、$2862cm^{-1}$、$1736cm^{-1}$、$1697cm^{-1}$、$1454cm^{-1}$、$1373cm^{-1}$、$1161cm^{-1}$、$888cm^{-1}$附近红外峰，归属的振动类型如下表：

琥珀的红外光谱特征峰　　　　　　　　　　　　单位:cm^{-1}

振动类型	饱和C—H键伸缩振动		酯中(C═O)伸缩振动	羧酸的羧基振动	饱和C—H键弯曲振动		(C—O)伸缩振动	═C—H面外弯曲振动
红外峰	2931	2862	1736	1697	1454	1373	1161	888

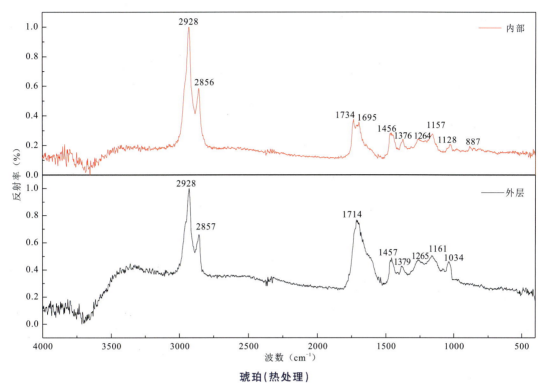

琥珀(热处理)

随着琥珀热处理的深入，1695cm^{-1}附近羧酸中C=O伸缩振动峰与1734cm^{-1}附近酯中C=O伸缩振动峰逐渐合并，且峰形变得尖锐陡峭。887cm^{-1}附近和不饱和=C—H面外弯曲振动有关的弱吸收峰消失。

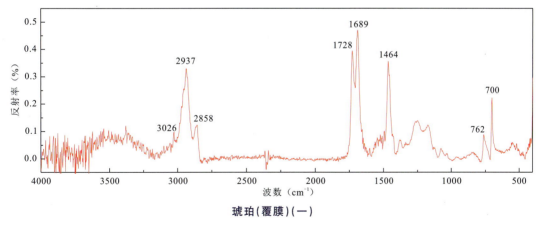

琥珀(覆膜)(一)

琥珀(覆膜)(一)样品的红外图谱中可见强度明显强于2937cm^{-1}、1728cm^{-1}峰，且同时出现了762cm^{-1}和700cm^{-1}两个谱峰，应与膜的存在有关。

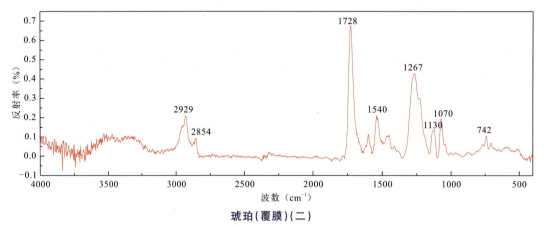

琥珀(覆膜)(二)

琥珀(覆膜)(二)样品的红外图谱中可见 $1728cm^{-1}$、$1540cm^{-1}$、$1267cm^{-1}$、$1130cm^{-1}$、$1070cm^{-1}$、$742cm^{-1}$ 附近红外峰,与醇酸树脂的红外谱峰一致。

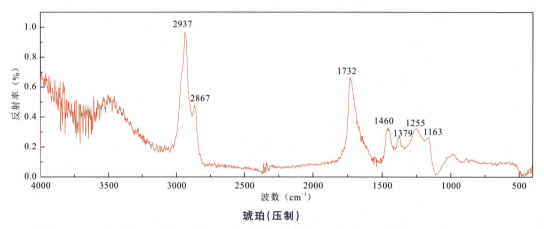

琥珀(压制)

压制处理的琥珀样品红外图谱显示与琥珀接近的红外反射光谱,但羧酸中 C═O 伸缩振动峰与酯中 C═O 伸缩振动峰合并,说明压制处理琥珀可能经过了热处理。

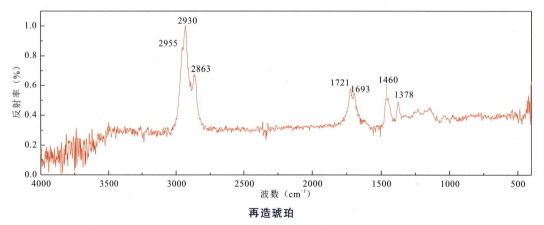

再造琥珀

再造琥珀样品的红外图谱中显示与琥珀接近的红外反射光谱。

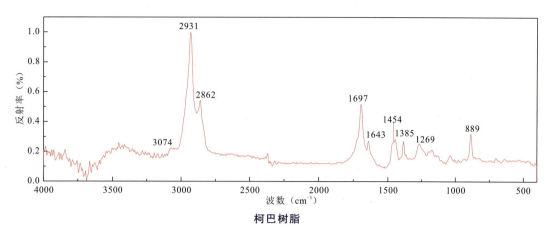

柯巴树脂

由于柯巴树脂与琥珀具有相似的化学成分与结构，故其红外光谱基本一致。但柯巴树脂的成熟度低于琥珀，其未参与聚合的二萜化合物单体组分的质量分数大于琥珀，所以其有 $3074cm^{-1}$、$1643cm^{-1}$、$889cm^{-1}$ 附近的组合吸收峰。

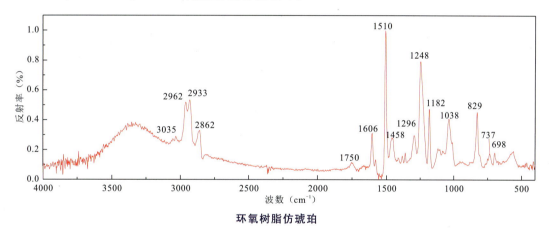

环氧树脂仿琥珀

环氧树脂仿琥珀的红外图谱中，$2962cm^{-1}$、$2933cm^{-1}$ 红外峰归属于甲基、亚甲基的对称伸缩振动，$2862cm^{-1}$ 归属于甲基、亚甲基的不对称伸缩振动。

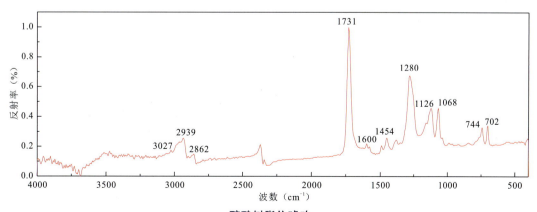

醇酸树脂仿琥珀

醇酸树脂仿琥珀的红外图谱中，可见 $3027cm^{-1}$、$1731cm^{-1}$、$1600cm^{-1}$、$1454cm^{-1}$、$1280cm^{-1}$、$1126cm^{-1}$、$1068cm^{-1}$、$744cm^{-1}$、$702cm^{-1}$ 附近红外峰，与醇酸树脂的红外谱峰一

致。其中3027cm^{-1}归属于苯环伸缩振动,1600cm^{-1}归属于苯环弯曲振动,1068cm^{-1}归属于苯环上碳氢的面内弯曲振动,744cm^{-1}、702cm^{-1}归属于苯环上碳氢面外弯曲振动。

二、紫外-可见光谱

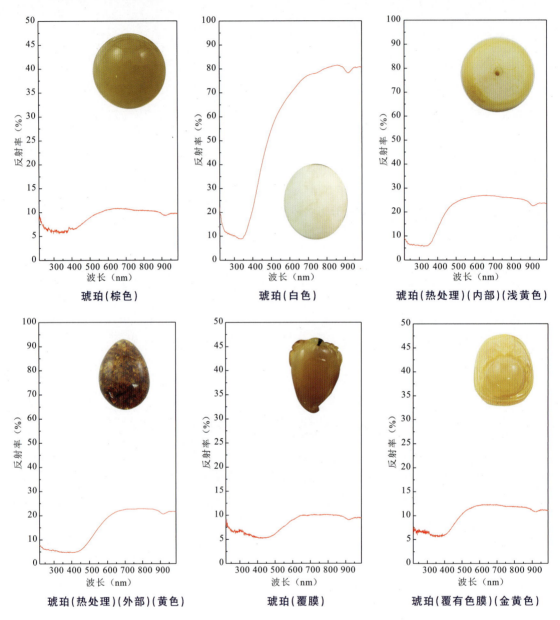

琥珀(棕色)　　　　　　琥珀(白色)　　　　　　琥珀(热处理)(内部)(浅黄色)

琥珀(热处理)(外部)(黄色)　　琥珀(覆膜)　　　　琥珀(覆有色膜)(金黄色)

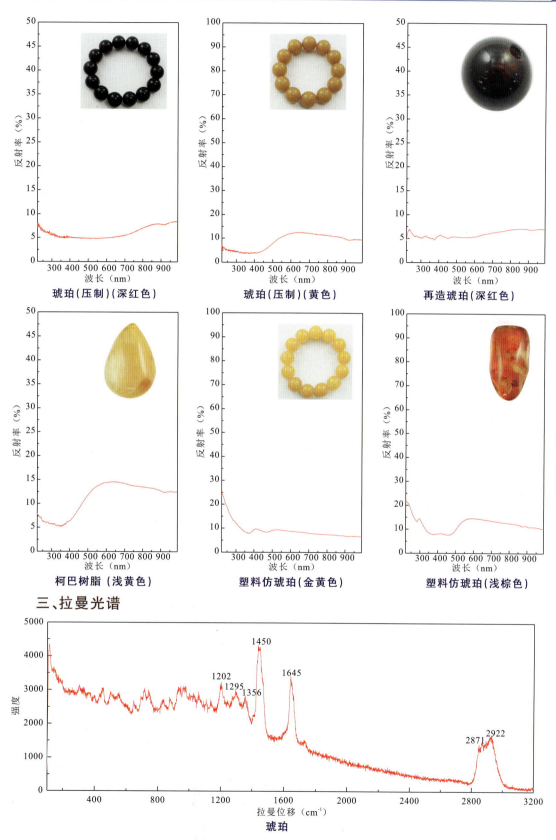

琥珀（压制）（深红色）　　琥珀（压制）（黄色）　　再造琥珀（深红色）

柯巴树脂（浅黄色）　　塑料仿琥珀（金黄色）　　塑料仿琥珀（浅棕色）

三、拉曼光谱

琥珀

琥珀的拉曼光谱特征峰　　　　　　　　　　　　　单位：cm^{-1}

振动类型	不饱和 C=CH 键	饱和 C—H 键伸缩振动		$\nu(C=O)$	$\nu(C=C)$	饱和 C—H 键弯曲振动			$\delta(CCH)$
琥珀	3080	2930	2871	1734	1645(1759)	1450	1356	1298	1205
振动类型	饱和 C—H 键弯曲振动	芳香化合物的振动带和环醚（和多糖）的 $\nu(COC)$ 伸缩振动带				$\delta(COC)$		$\delta(CCO)$	
琥珀	880~980	800~950				550 以下			

拉曼光谱中 $N(I_{1645cm^{-1}}/I_{1450cm^{-1}})$ 比值约为 0.818，在一定程度上证明样品具有较高化石成熟度。

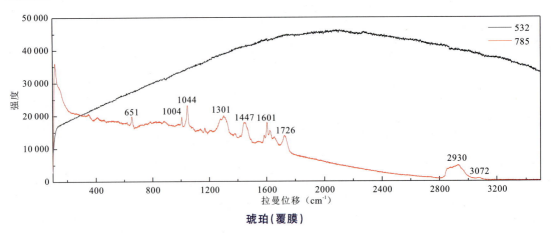

琥珀（覆膜）

未在文献中找到相应的谱峰，未确定外层覆膜的成分。

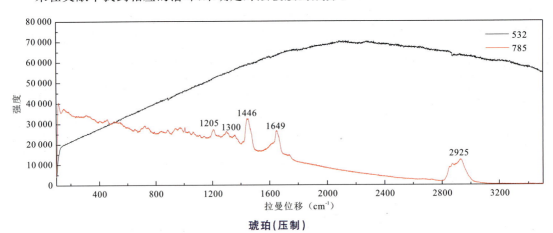

琥珀（压制）

琥珀（压制）样品的拉曼峰与琥珀基本一致。

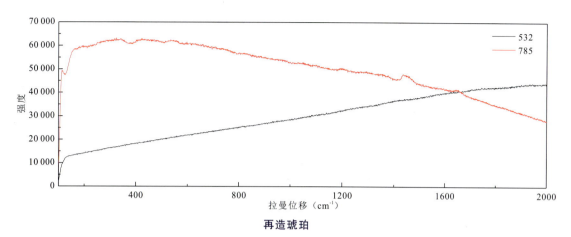
再造琥珀

在785nm、532nm激光激发下,再造琥珀显示较强的荧光背景,难以辨识出有效的拉曼峰。

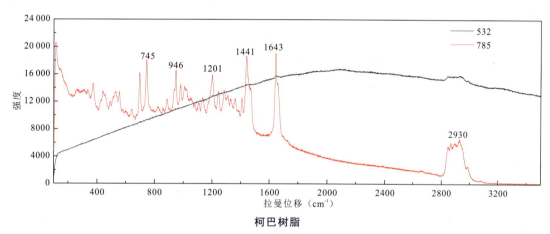
柯巴树脂

柯巴树脂样品的拉曼光谱与琥珀十分接近,但($I_{1643cm^{-1}}/I_{1441cm^{-1}}$)的比值较高,指示其成熟度较低,可作为辅助鉴别依据。

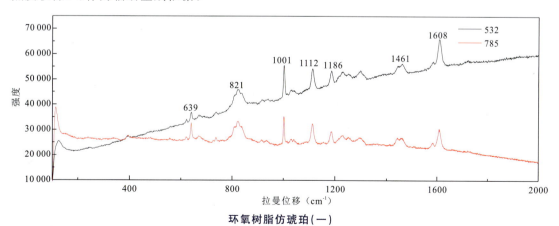
环氧树脂仿琥珀(一)

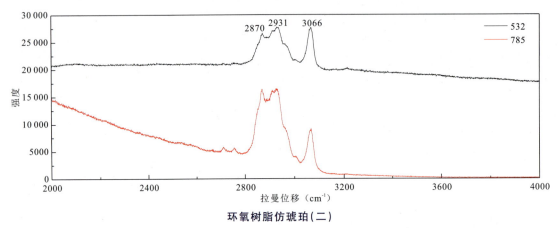

环氧树脂仿琥珀(二)

环氧树脂仿琥珀样品的拉曼光谱中,3066 cm^{-1}归属于苯环的C—H伸缩振动,1186 cm^{-1}归属于苯环的C—H面内弯曲振动,1608 cm^{-1}、1112 cm^{-1}归属于苯环的C—C伸缩振动。

玳瑁(Tortoise Shell)

有机质

一、红外反射光谱

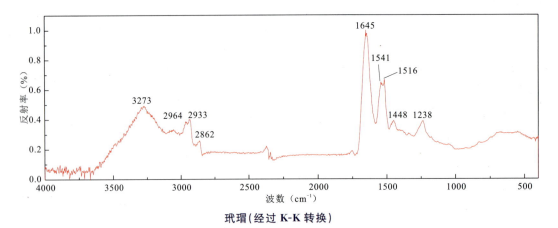

玳瑁(经过 K-K 转换)

玳瑁样品的红外反射光谱中,3273 cm^{-1}归属于N—H伸缩振动峰,2964 cm^{-1}、2933 cm^{-1}归属于C—H反对称伸缩振动,2862 cm^{-1}归属于C—H对称伸缩振动,1645 cm^{-1}归属于C=O伸缩振动,1541 cm^{-1}、1516 cm^{-1}归属于N—H弯曲振动,1448 cm^{-1}归属于C—H弯曲振动,1238 cm^{-1}归属于C—N伸缩振动。

二、紫外-可见光谱

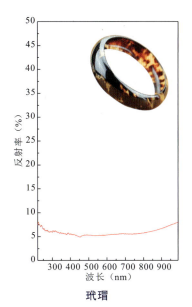

玳瑁

玳瑁样品的紫外-可见光谱中，仅可见450nm附近弱吸收峰。

三、拉曼光谱

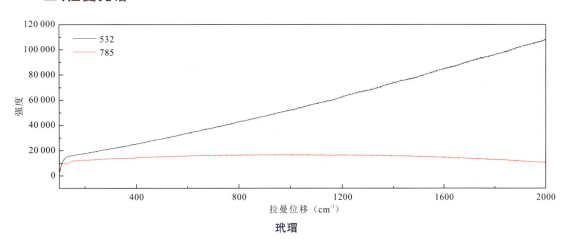

玳瑁

玳瑁样品的拉曼光谱具有较强的荧光背景，荧光覆盖了玳瑁的拉曼峰。

煤精(Jet)

C、H、O

一、红外反射光谱

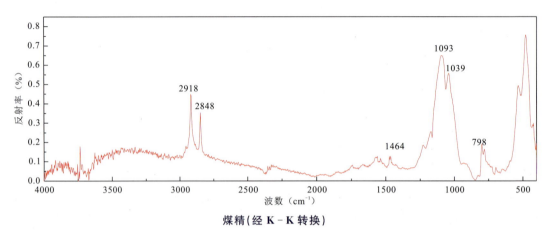

煤精(经 K-K 转换)

将煤精样品的红外反射图谱进行 K-K 转换,可见 $2918cm^{-1}$、$2848cm^{-1}$ 附近 $\nu_{as}(CH_2,CH_3)$ 反对称伸缩振动所致的红外吸收峰,$1464cm^{-1}$ 附近为 $\delta(CH_2,CH_3)$ 弯曲振动。

二、紫外-可见光谱

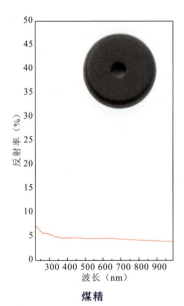

煤精

煤精样品的紫外-可见光谱未见明显吸收特征。

三、拉曼光谱

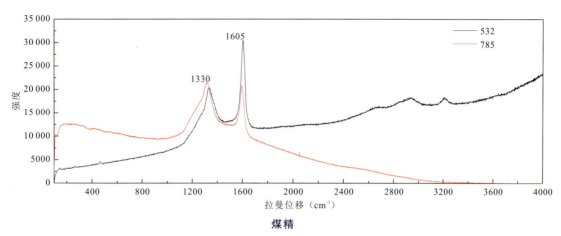

煤精

拉曼光谱中，1330 cm^{-1}附近为D峰，代表C原子晶格的缺陷，1605 cm^{-1}附近为G峰，代表C原子sp^{2}杂化的面内伸缩振动。

象牙（Ivory）

磷酸钙、胶原质和弹性蛋白

一、红外反射光谱

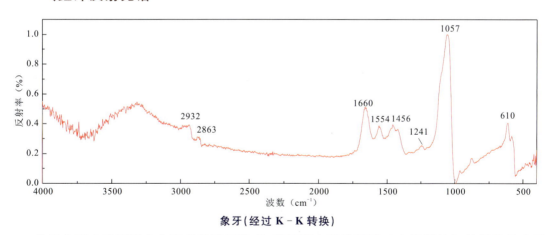

象牙（经过 K-K 转换）

象牙主要由胶原蛋白和羟基磷酸钙组成，胶原蛋白酰胺键致三个特征的红外谱带具有重要的鉴定意义，酰胺键C—O伸缩振动致红外吸收带位于1660 cm^{-1}处。酰胺键C—H伸缩振动与N—H面内弯曲振动致红外谱带位于1554 cm^{-1}处。酰胺键C—N伸缩振动与N—H面内弯曲振动致红外谱带位于1241 cm^{-1}处。C—H弯曲振动致红外谱带位于1456 cm^{-1}处。羟基磷酸钙中$(PO_4)^{3-}$反对称伸缩振动致特征红外分裂谱带位于1057 cm^{-1}处。从横截面外层致牙心，与胶原蛋白相关的红外谱带特征变化不大。

二、紫外-可见光谱

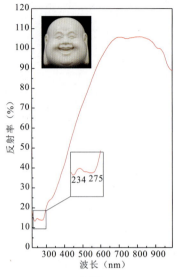

象牙

象牙的紫外-可见光谱234nm、275nm附近吸收带与有机物有关。

三、拉曼光谱

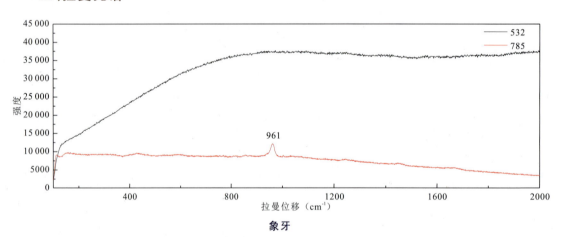

象牙

象牙通常在961cm^{-1}附近有拉曼峰。

植物象牙(Corajo)

有机成分

一、红外反射光谱

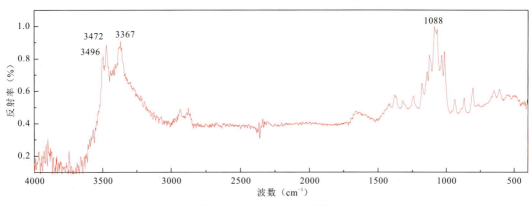

植物象牙(经过 K-K 转换)

将植物象牙样品的红外反射图谱进行K-K转换,可见 $3496cm^{-1}$、$3472cm^{-1}$、$3367cm^{-1}$、$1088cm^{-1}$ 等典型红外峰。

二、紫外-可见光谱

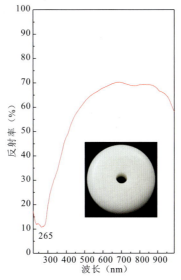

植物象牙

紫外-可见光谱中,植物象牙样品可见 265nm 吸收带。

三、拉曼光谱

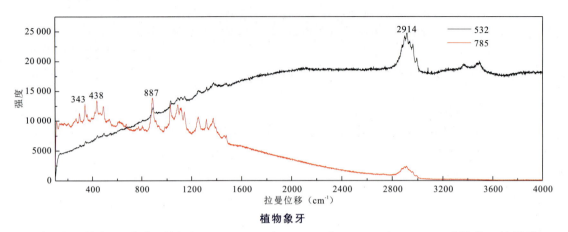

植物象牙

拉曼光谱中,植物象牙样品可见 343cm^{-1}、438cm^{-1}、887cm^{-1}、2914cm^{-1}等典型拉曼峰。

人工宝石图谱分析

玻璃（Glass）

SiO$_2$

一、红外光谱

1. 反射光谱

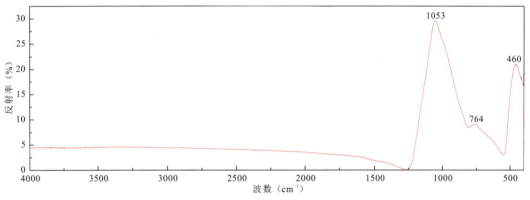

玻璃（仿翡翠）

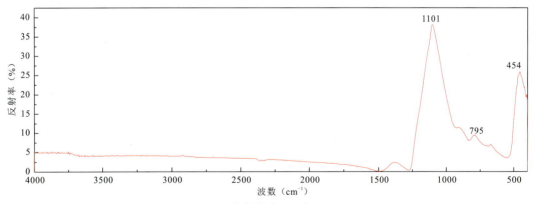

玻璃（仿和田玉）

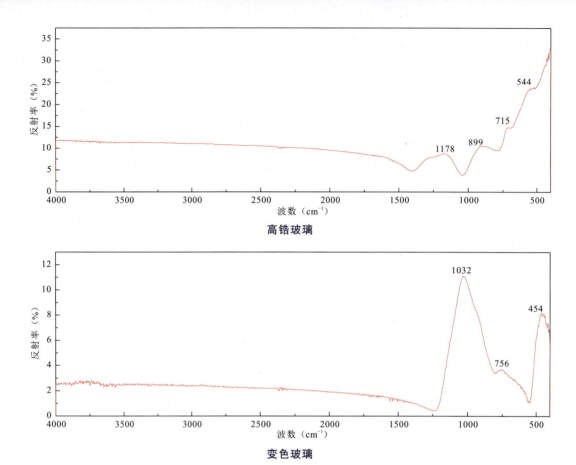

高锆玻璃

变色玻璃

不同颜色种类的玻璃红外反射光谱具有相似的红外峰,在1000~1200cm^{-1}有强的红外峰,700~800cm^{-1}有弱红外峰,400~500cm^{-1}有较强的红外峰。

2. 透射光谱

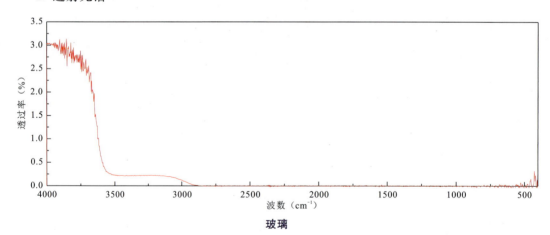

玻璃

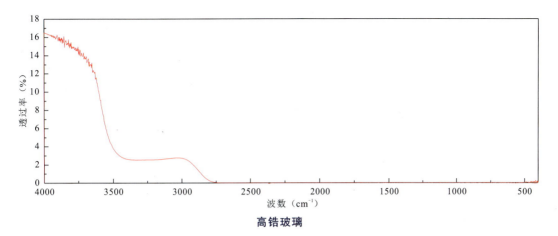

高锆玻璃

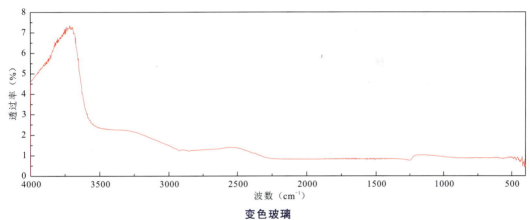

变色玻璃

玻璃的红外透射光谱不具有特征的吸收。

二、紫外-可见光谱

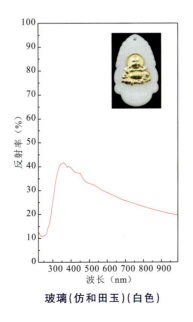

玻璃(仿和田玉)(白色)

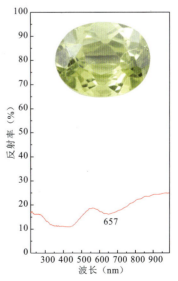

高锆玻璃(绿色)

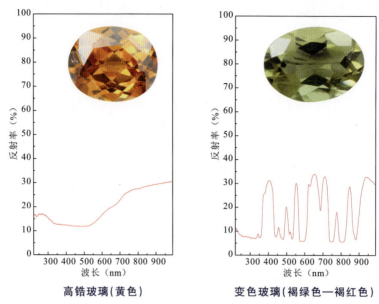

高锆玻璃(黄色)　　　　　变色玻璃(褐绿色—褐红色)

玻璃的紫外-可见光谱普遍没有特征吸收。含锆较高的玻璃可能具有 657nm 典型吸收。

三、拉曼光谱

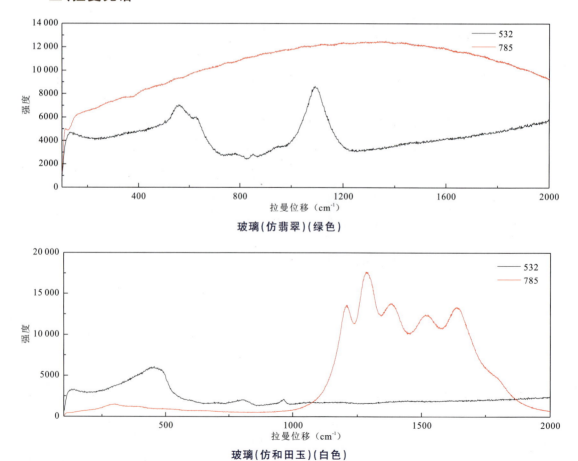

玻璃(仿翡翠)(绿色)

玻璃(仿和田玉)(白色)

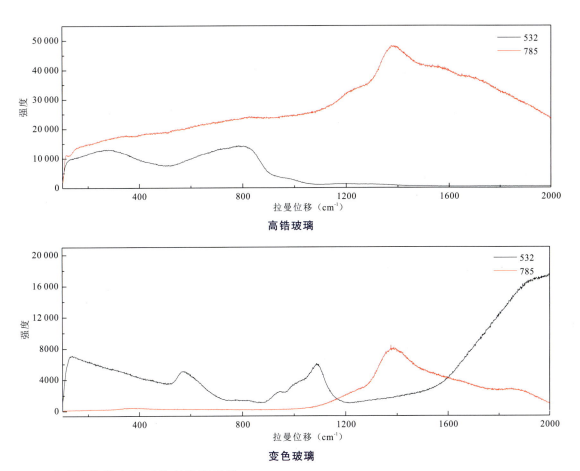

高锆玻璃

变色玻璃

玻璃的拉曼光谱不具有鉴定意义。

四、X射线荧光光谱

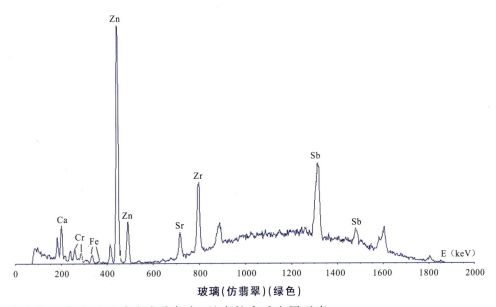

玻璃(仿翡翠)(绿色)

玻璃的X荧光显示玻璃成分复杂,具有较多重金属元素。

合成立方氧化锆（Synthetic Cubic Zirconia）

ZrO_2

一、红外反射光谱

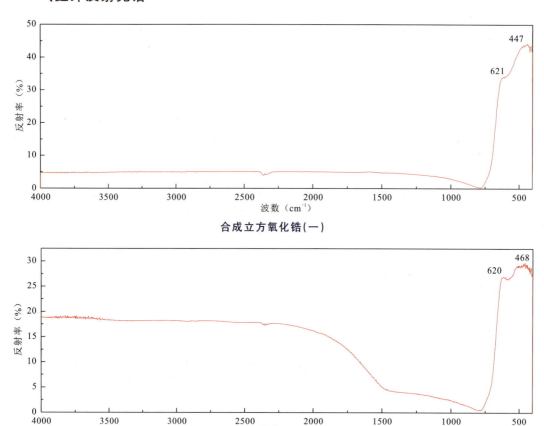

合成立方氧化锆（一）

合成立方氧化锆（二）

虽然合成立方氧化锆样品的颜色十分丰富，但主要呈现以上两种红外反射光谱，均可见 $620 cm^{-1}$ 红外峰。

二、紫外-可见光谱

红色、紫外的合成氧化锆样品的透明度较高，利用发射法进行测试时未显示明显的吸收带或吸收峰。浅蓝紫色的合成立方氧化锆样品在可见光区域可见数条吸收线，与其中掺杂的元素有关。

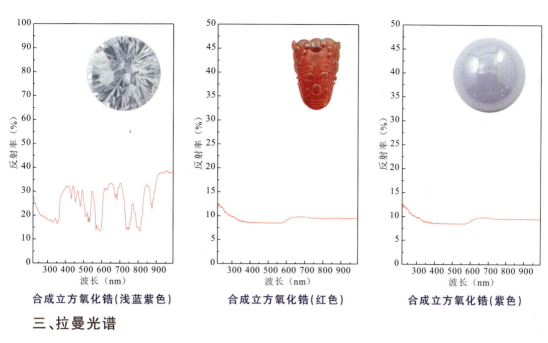

合成立方氧化锆(浅蓝紫色)　　合成立方氧化锆(红色)　　合成立方氧化锆(紫色)

三、拉曼光谱

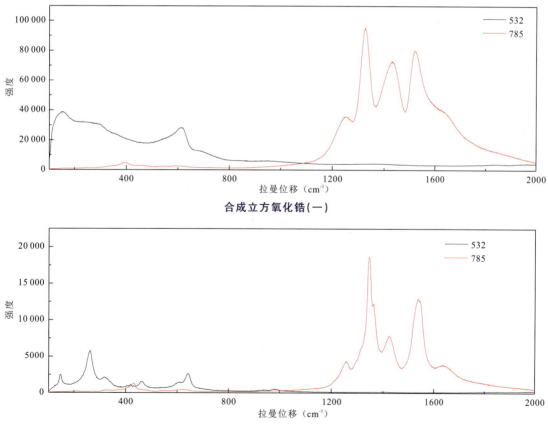

合成立方氧化锆(一)

合成立方氧化锆(二)

拉曼光谱中,合成立方氧化锆样品呈现较强的荧光背景,不同颜色样品的拉曼荧光背景存在差异。

合成碳硅石(Synthetic Moissanite)

SiC

一、红外反射光谱

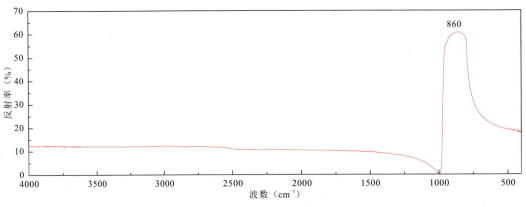

合成碳硅石

红外反射光谱中，合成碳硅石样品可见 $860cm^{-1}$ 附近红外峰。

二、紫外-可见光谱

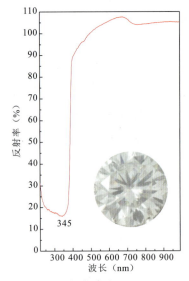

合成碳硅石

紫外-可见光谱中，合成碳硅石样品可见 345nm 附近宽吸收带。

三、拉曼光谱

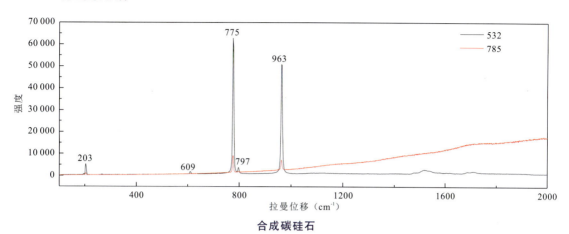

合成碳硅石

拉曼光谱中，合成碳硅石样品可见 203cm^{-1}、609cm^{-1}、775cm^{-1}、963cm^{-1} 典型拉曼峰，属于 4H—SiC 型。

人造硼铝酸锶（Strontium Aluminate Borate）

$$M \cdot N \cdot Al_{2-x}B_xO_4$$

一、红外反射光谱

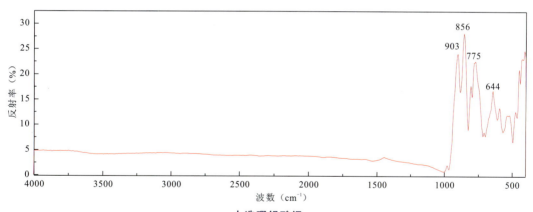

人造硼铝酸锶

人造硼铝酸锶的红外反射光谱中，450～845cm^{-1} 处的吸收峰归属于铝氧八面体的振动，主要可见 644cm^{-1}、775cm^{-1}、856cm^{-1}、903cm^{-1} 等典型红外峰。

二、紫外-可见光谱

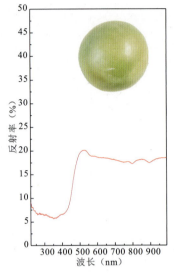

人造硼铝酸锶

人造硼铝酸锶样品为黄绿色，紫外-可见光谱中450nm以下全吸收，符合GB/T 16553的检测特征。

三、X射线荧光光谱

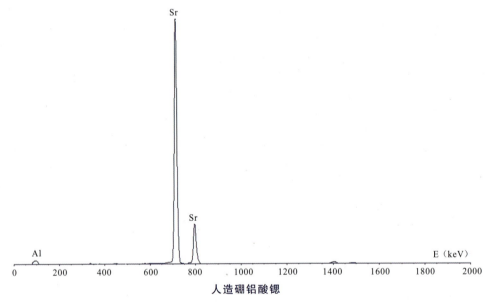

人造硼铝酸锶

对样品硼铝酸锶进行X射线荧光光谱测试，谱图显示较强的Sr峰和较弱的Al峰，其他元素含量很少。

人造钛酸锶(Strontium Titanate)

$SrTiO_3$

一、红外光谱

1. 反射光谱

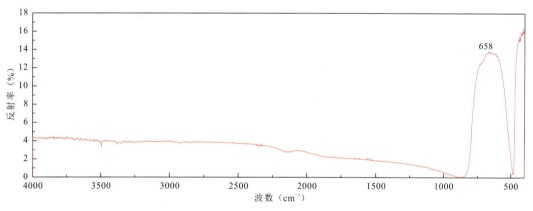

人造钛酸锶

红外反射光谱中,人造钛酸锶样品可见 $658cm^{-1}$ 典型红外峰。

2. 透射光谱

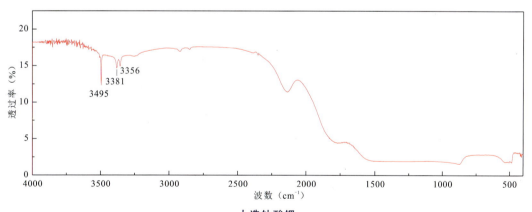

人造钛酸锶

红外透射光谱中,人造钛酸锶样品可见 $3495cm^{-1}$、$3381cm^{-1}$、$3356cm^{-1}$ 等红外吸收峰。

二、紫外-可见光谱

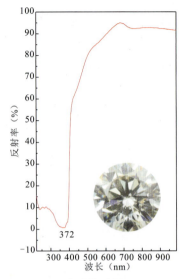

人造钛酸锶

人造钛酸锶样品的紫外-可见光谱可见 372nm 吸收带，可见光区域普遍呈现较高的反射率。

三、拉曼光谱

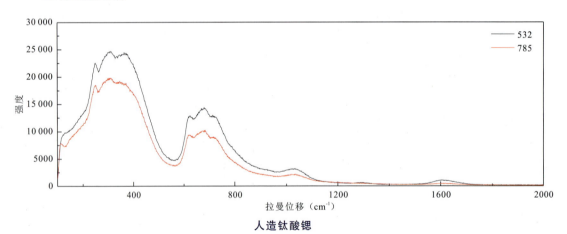

人造钛酸锶

拉曼光谱中，人造钛酸锶样品未显示典型的拉曼峰。

四、X 射线荧光光谱

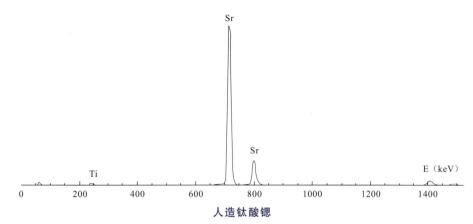

人造钛酸锶

人造钛酸锶样品的 X 射线荧光光谱中可见明显的 Sr 峰，Ti 峰较弱。

人造钇铝榴石[Yttrium Aluminium Garnet(YAG)]

$$Y_3Al_5O_{12}$$

一、红外光谱

1. 反射光谱

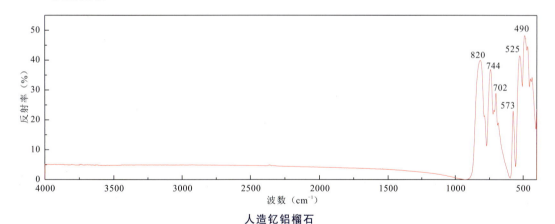

人造钇铝榴石

人造钇铝榴石样品的红外反射光谱与天然石榴石的谱形接近，可见 820cm^{-1}、744cm^{-1}、702cm^{-1}、573cm^{-1}、525cm^{-1}、490cm^{-1} 典型红外峰。

2. 透射光谱

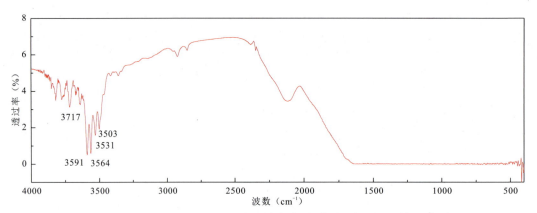

人造钇铝榴石样品在 $3500\sim4000cm^{-1}$ 区域内具有多个明显的红外吸收峰。

二、紫外-可见光谱

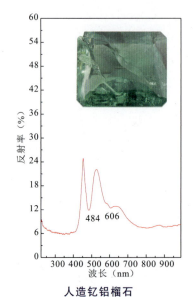

人造钇铝榴石

人造钇铝榴石样品的紫外-可见光谱可见 484nm 强吸收峰及 606nm 处弱吸收。

三、拉曼光谱

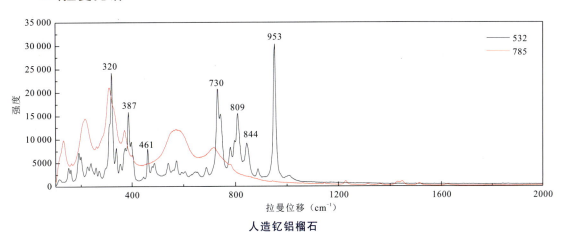

人造钇铝榴石

拉曼光谱中，人造钇铝榴石样品可见 $320cm^{-1}$、$387cm^{-1}$、$461cm^{-1}$、$730cm^{-1}$、$809cm^{-1}$、$844cm^{-1}$、$953cm^{-1}$ 等典型拉曼峰。

红外反射光谱记忆缩略图列表

天然宝石

氧化物及氢氧化物

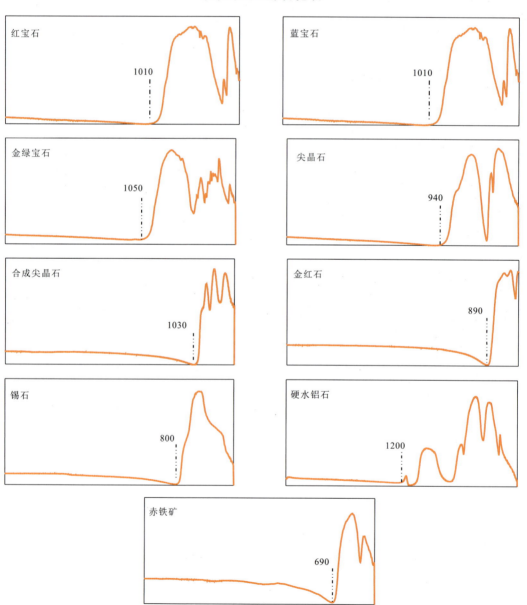

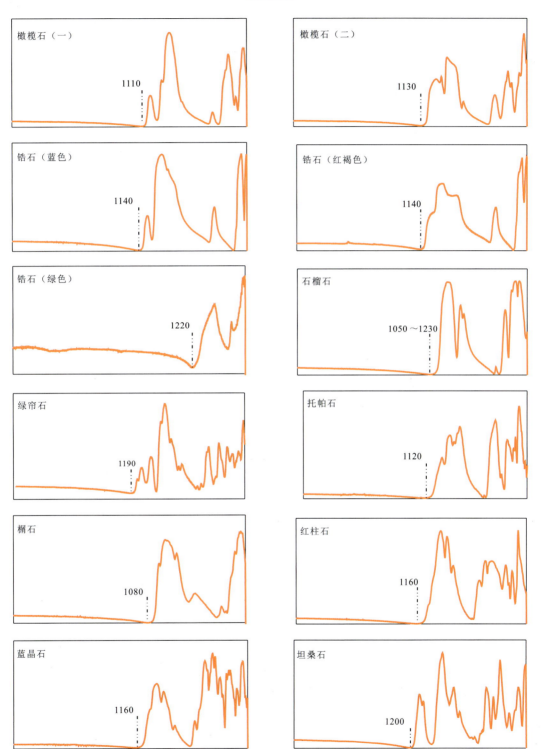

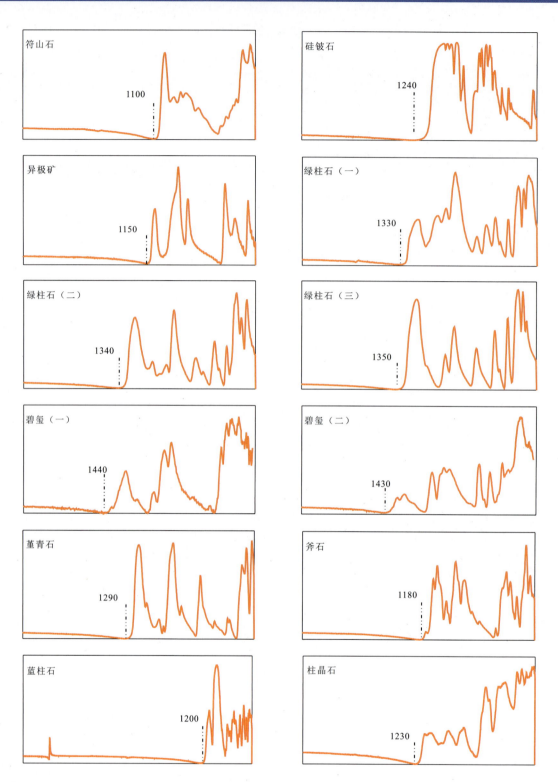

红外反射光谱记忆缩略图列表

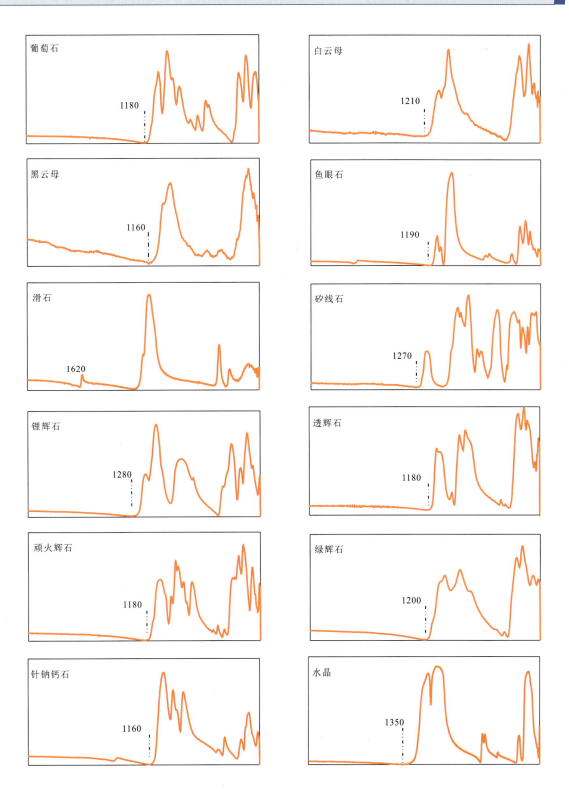

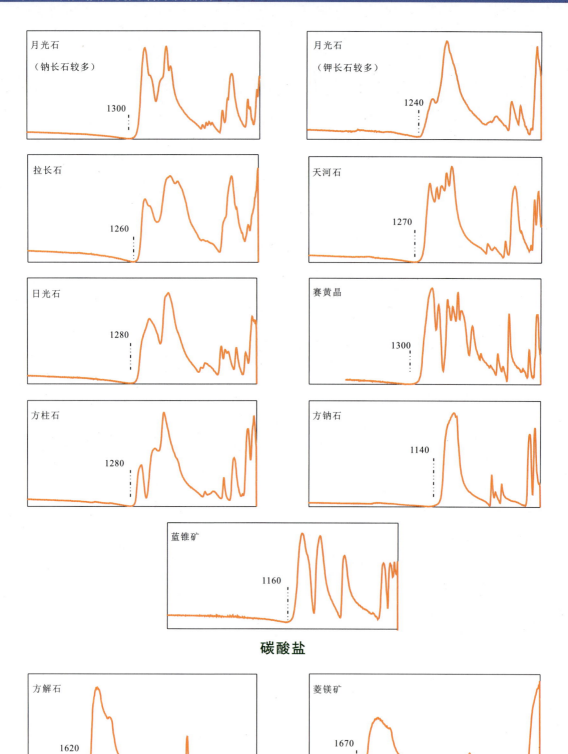

碳酸盐

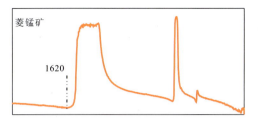
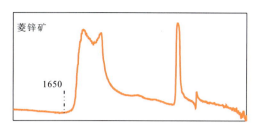

磷酸盐

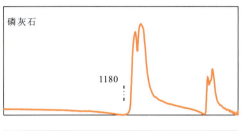
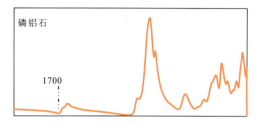

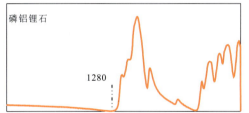
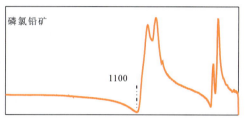

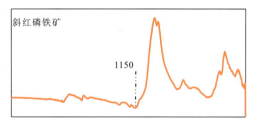

硫化物及硫酸盐

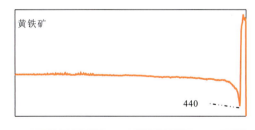
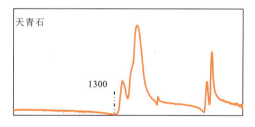

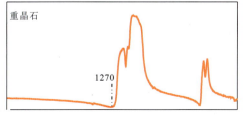
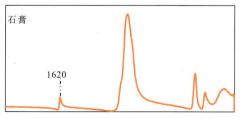

硼酸盐

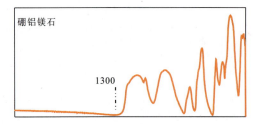

天然玉石

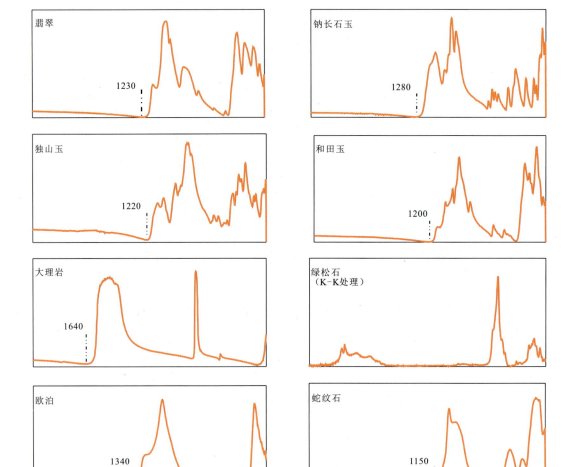

红外反射光谱记忆缩略图列表

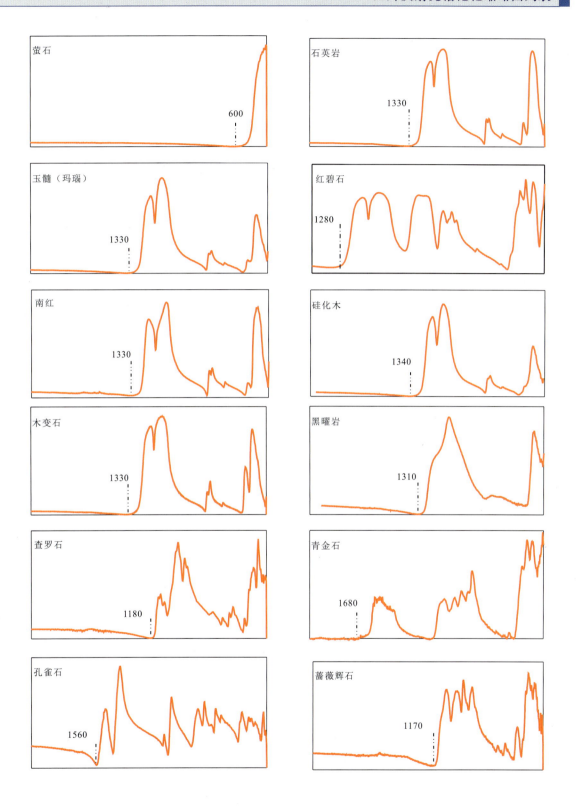

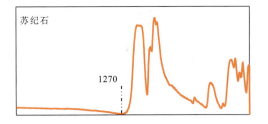
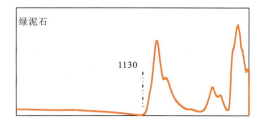

天然有机宝石

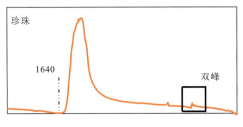
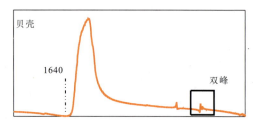
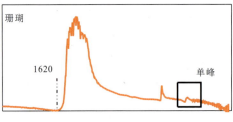
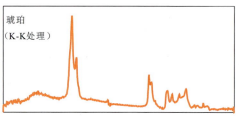
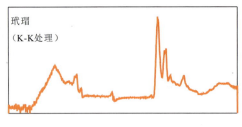
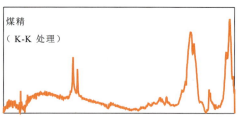
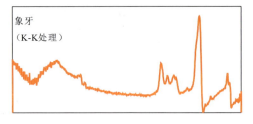

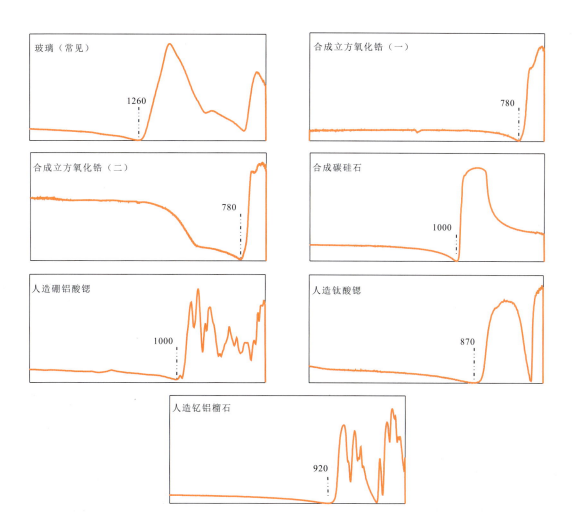

专业名词解释

双原子氮：两个氮原子代替晶格中两个相邻的碳原子，并形成缔合体（分子间联合在一起，物理性质改变，化学性质几乎不变）稳定下来。常见于 IaA 型钻石。

集合体氮：多个氮原子以集合体形式存在于钻石中。常见于 IaAB 型。

片晶氮：许多氮原子在晶格中沿一定方向排列构成小片体。常见于 IaB 型钻石。

孤氮：氮以孤立的原子状态取代晶格中的碳原子。常见于 Ib 型钻石。

HPHT（High Pressure High Temperature）：高温高压的简称，可用于合成钻石或钻石的优化处理。

CVD（Chemical Vapor Deposition）：化学气相沉积法的简称，合成钻石的方法之一。

位错环：是一种晶体内线缺陷，由于位错运动而产生的环状位错。

基团：通常是指原子团，它包含各种官能团和以游离状态存在的游离基（或称自由基）。

伸缩振动 ν：伸缩振动是指原子沿着化学键方向运动，在振动过程中化学键的键长发生变化。根据振动时原子间相对位置的变化，伸缩振动还可以分为对称伸缩振动 ν_s 和反对称伸缩振动 ν_{as}。

弯曲振动 δ（deformation vibration）：又称变形振动或变角振动，是一种分子运动形式，指的是基团键角发生周期变化而键长不变的振动。变形（弯曲）振动分为面内弯曲振动和面外弯曲振动。

面内弯曲振动 β（in-plane bending vibration）：是指振动在所涉及原子构成的平面内进行，这种振动方式还可以细分为剪式弯曲振动和面内摇摆振动。

面外弯曲振动 γ（out-of-plane bending vibration）：是指弯曲振动垂直于原子所在的平面，根据原子的运动方向，又可分为面外摇摆振动和扭曲振动。

剪式弯曲振动（scissoring vibration）：是振动过程中键角发生规律性的变化，似剪刀的开与闭。

面内摇摆振动 r（rocking vibration）：是在几个原子构成的平面内，基团作为一个整体在平面内摇摆振动。

面外摇摆振动 ω（out-of-plane wagging vibration）：是分子或基团的端基原子同时在垂直于几个原子构成的平面内同方向振动。

扭曲振动（twisting vibration）：分子或基团的端基原子同时在垂直于几个原子构成的平面内反方向振动。

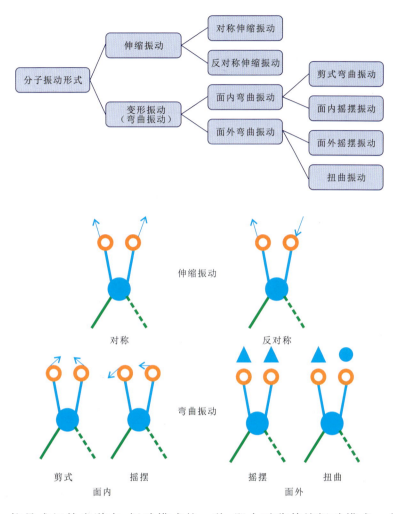

A_{1g} 模式：拉曼或红外光谱中，振动模式的一种，即全对称伸缩振动模式。在对称类型分析中，具体表示如下：

A：对主轴对称的单重简并态。

B：对主轴反对称的单重简并态。

E：二重简并或双重简并态。

F：三重简并，有的学者使用 T 表示。

下标 g：对于对称中心对称。

下标 u：对于对称中心反对称。

下标 1、2、3：对于除主轴外的副旋转轴或旋转反映轴对称（A）或反对称（B）；若无旋转轴，对于镜面对称或反对称。

上标'：对镜面对称。

上标"：对镜面反对称。

荧光背景：当物质受到激发光照射时，除了得到检测物的拉曼散射光，还可能有比拉曼光强很多的瑞利散射光和荧光发射，是影响拉曼检测的主要因素。拉曼光谱可能会受到荧光的干扰，淹没在荧光背景的噪声中，导致拉曼光谱难以识别和利用。

晶体场谱：也称光学吸收光谱，是由过渡金属元素、某些镧系/锕系元素离子内部的电子跃迁产生的吸收光谱。

结构畸变：缺陷的出现破坏了原子间的平衡状态，使晶格发生扭曲。

荧光峰：是指在带状的荧光光谱中的一个或数个峰。

"Cape"（开普）系列钻石：钻石三大系列颜色包含开普系列、褐色系列、彩色系列。开普系列主要包括无色、浅黄至黄色钻石。

充填处理：采用各种充填材料（有色或无色油、人造树脂、玻璃等）在一定条件下（如真空、加压、加热等），对宝石中开放的裂隙、孔洞和玉石中的空隙、晶粒间隙直接进行充填处理，旨在掩盖裂隙或强化结构。

提拉法：又称丘克拉斯基法，是从熔体中提拉生长高质量单晶的方法。这种方法能够生长无色蓝宝石、红宝石、钇铝榴石、钆镓榴石、变石和尖晶石等重要的宝石晶体。20 世纪 60 年代，提拉法进一步发展为一种更为先进的定型晶体生长方法——熔体导模法。它是控制晶体形状的提拉法，即直接从熔体中拉制出具有各种截面形状晶体的生长技术。

轨道分裂：指在晶体场中过渡元素离子中原来能量相等的五个 d 轨道或七个 f 轨道所发生的能量的分裂。

硅氧四面体(silicon oxygen tetrahedron)：是硅酸盐晶体结构中的基本构造单元。它是由位于中心的一个硅原子与围绕它的四个氧原子所构成的配阴离子$[SiO_4]^{4-}$，周围的四个氧原子分布成配位四面体的形式。

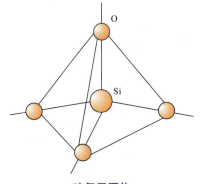

硅氧四面体

三重简并：在形成配位化合物之前，自由的气态中心原子（或离子）的五个 d 轨道的能量是相等的，即处于简并状态。在八面体场中，五个原来处于简并状态的 d 轨道分裂成两组，一组能级较高，称为 E_g 轨道，为双重简并态；另一组能级相对较低，称为 T_{2g} 轨道，是三重简并态。

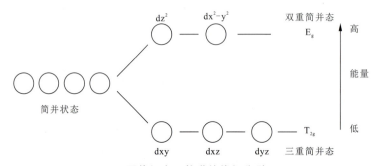

八面体场中 d 轨道的能级分裂

晶质锆石：锆石按其结构完整程度可分为晶质锆石和变生锆石，介于两者之间的叫半变生锆石。

变生锆石：是指部分晶格发生变化，结构向无序状态转变的那些锆石。

还原气氛：是指燃料在缺氧条件下燃烧，生成含有 CH_4、CO、H_2 等还原性气体，而含氧量很低的气体氛围。

氧化气氛：指氧气供给充分，燃料完全燃烧的情况下产生的一种火焰气体氛围。

非桥氧：硅酸盐中链接一个 Si^{4+} 的氧，Si—O—R。

桥氧：硅酸盐中链接 2 个 Si^{4+} 的氧，Si—O—Si。

类质同象替代：晶体结构中的部分质点被其他性质相近的质点所替代，仅使晶格常数和物理化学性质发生不大的变化，但晶体结构保持不变的现象。

同质多像变体：是指相同的化学成分所形成的矿物，由于矿物晶体内质点的排列不同而形成不同矿物的现象，例如单质 C 的同质多像矿物石墨和金刚石。

基频：从 ν_0 基态跃迁到第一激发态 $\nu=1$，$\nu_0—\nu_1$ 产生的吸收带较强，叫基频。

组合频：是一种频率的红外光同时被两个振动所吸收，即光的能量用于两种振动能级的跃迁。

倍频：从基态跃迁到第二激发态甚至第三激发态，$\nu_0—\nu_2$ 或 $\nu_0—\nu_3$ 的跃迁产生的吸收带依次减弱，叫倍频吸收，用 $2\nu_1$、$2\nu_2$ 等表示。

耦合振动：当两个基团相邻，并且振动基频相同或相近时，它们之间发生较强的相互作用，引起了吸收频率偏离单个振动基频，一个向高频方向移动，一个向低频方向移动。

d-d 电子跃迁：过渡金属元素分别含有 3d 和 4d 轨道，在配位体的存在下，过渡元素五个能量相等的 d 轨道分裂成几组能量不等的 d 轨道，当它们的离子吸收光能后，低能态的 d 电子可以跃迁至高能态的 d 轨道，称为 d-d 跃迁。

f-f 电子跃迁：镧系和锕系元素分别含有 4f 和 5f 轨道，在配位体的存在下，镧系元素七个能量相等的 f 轨道分裂成几组能量不等的 f 轨道，当它们的离子吸收光能后，低能态的 f 电子可以跃迁至高能态的 f 轨道，称为 f-f 跃迁。

过渡金属元素：过渡金属元素是指元素周期表中 d 区的一系列金属元素，又称过渡金属。一般来说，这一区域包括 3~12 一共十个族的元素，但不包括 f 区内的过渡元素。过渡金属由于具有未充满的价层 d 轨道，基于十八电子规则，性质与其他元素有明显差别。

锕系元素（actinicles）：又称 5f 过渡系，是元素周期表ⅢB 族中原子序数为 89~103 的 15 种化学元素的统称。它们化学性质相似，所以单独组成一个系列，在元素周期表中占有特殊位置。用符号 An 表示。包括锕（Ac）、钍（Th）、镤（Pa）、铀（U）、镎（Np）、钚（Pu）、镅（Am）、锔（Cm）、锫（Bk）、锎（Cf）、锿（Es）、镄（Fm）、钔（Md）、锘（No）、铹（Lr）。

电磁辐射：又称为电磁波，辐射能，是空间传播着的电磁振动，包括无线电波、微波、红外光、可见光、紫外光、X 射线、γ 射线等。

价电子（valence electron）：指原子核外电子中能与其他原子相互作用形成化学键的电子，为原子核外跟元素化合价有关的电子。

选择性吸收：矿物对白光中各色光波的不等量吸收，称为选择性吸收。

电荷转移：指的是正离子与中性原子碰撞时发生的电荷转移过程。这时，正离子将俘获原子中的一个价电子而成为原子；原子则因失去一个价电子而成为正离子。

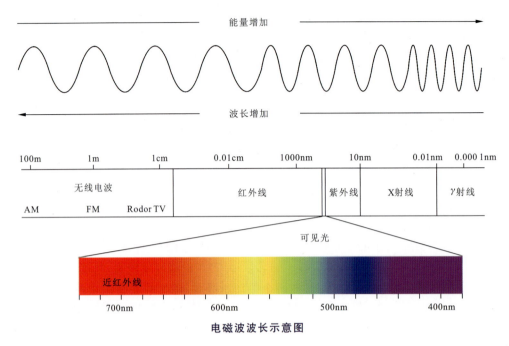

电磁波波长示意图

禁戒跃迁：某些含有 n 电子的吸电子基（当取代基取代苯环上的氢后，苯环上电子云密度降低的基团）和共轭结构相连，而 n 电子不和共轭结构形成更大的共轭体系时，n－π＊的跃迁无法实现，称为禁戒跃迁。

苯环：苯环是最简单的芳香烃，分子式为 CH，由六个碳原子构成一个六元环，每个碳原子接一个基团，苯的六个基团都是氢原子，结构为平面正六边形。

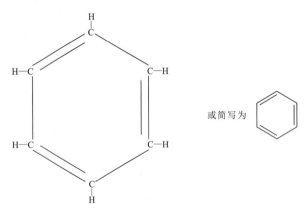

苯环结构式

K－K 处理：红外的反射光谱中，由于折射率在红外光谱频率范围的变化（异常色散所用）而导致红外反射谱带产生畸变，要将这种畸变的红外反射光谱校正为正常的红外吸收光谱，可通过 Kramers-Kronig 变换的程序予以消除，简称为 K－K 处理。

共价键：是化学键的一种，两个或多个原子共同使用它们的外层电子，在理想情况下达到电子饱和的状态，由此组成比较稳定的化学结构。

非晶态：固态物质原子的排列所具有的近程有序、长程无序的状态。非晶态固体宏观上表现为各向同性，熔解时无明显的熔点，只是随温度的升高而逐渐软化，黏滞性减小，并逐渐过渡到液态。

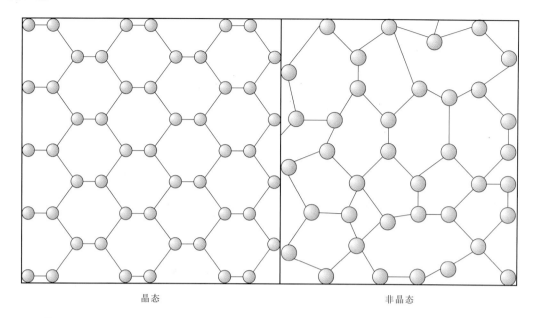

晶态　　　　　　　　　　　非晶态

甲基(methyl group)：甲烷分子中去掉一个氢原子后剩下的电中性的一价基团。由碳和氢元素组成。甲基常出现在各种有机化合物中,是最常见的基团,也写作—CH_3。

亚甲基(methylene)：常来表示有两个键被取代的碳原子。它与其他原子团相连,单独可叫亚甲基,也写作＝CH_2。

亚甲基结构式

sp^2 杂化：是由同一原子的 1 个 s 轨道与 2 个 p 轨道发生的杂化,所形成的 3 个夹角为 120°的杂化轨道,称为 sp^2 杂化轨道。多用于形成两个单键与一个双键。

稀土元素：就是化学元素周期表中镧系元素——镧(La)、铈(Ce)、镨(Pr)、钕(Nd)、钷(Pm)、钐(Sm)、铕(Eu)、钆(Gd)、铽(Tb)、镝(Dy)、钬(Ho)、铒(Er)、铥(Tm)、镱(Yb)、镥(Lu),以及与镧系的 15 个元素密切相关的元素——钇(Y)和钪(Sc),共 17 种元素,称为稀土元素。因为瑞典科学家在提取稀土元素时应用了稀土化合物,所以得名稀土元素。

吸附水：指机械地被吸附于矿物之中或矿物颗粒之间的水,呈中性水分子的形式存在,不参与组成晶格,其含量也不固定。

结晶水：也被称为水合水,指在矿物晶格中占有确定位置的中性水分子 H_2O。水分子的数量与该化合物中其他组分之间有一定的比例。当结晶水逸出时,原矿物晶格便被破坏;其他原子可重新组合,形成另一种化合物。

结构水：这些离子在晶格中占有确定的位置,数量上与其他元素成一定的比例,只有在较高的温度(一般在数百摄氏度到 1000℃之间)下,当晶格破坏时,它们才组成水分子从矿物中析出。

配位体：配位化合物中向中心原子或离子提供孤对电子或不定域电子的分子或离子叫做配位体。

GR1 色心：是一种离子缺陷色心，辐射粒子进入钻石与晶体中的碳原子发生弹性碰撞，在碰撞过程中彼此间发生能量转移，从而使碰撞粒子的运动状态发生显著的变化，将碳原子从其初始位置撤离，从而产生 GR1 色心。在钻石辐照处理中，可改变钻石颜色。

缺陷$(N-V)^0$：指晶体内部结构完整性受到破坏的所在位置。按其延展程度可分成点缺陷、线缺陷和面缺陷。点缺陷有 V 空位、DV 双空位、S 替位等。N-V 色心是由氮和空穴组成的色心。不带电荷中性$(N-V)^0$色心的吸收峰为 575nm。带有负电荷$(N-V)^-$的色心吸收峰为 637nm。

峰形：红外光谱峰的形态一般常见宽峰、尖峰、肩峰、双峰。

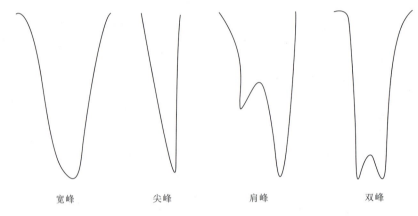

宽峰　　　尖峰　　　肩峰　　　双峰

D 峰：代表碳原子晶格的缺陷，通常在 $1300cm^{-1}$ 附近。

G 峰：代表碳原子 sp^2 杂化的面内伸缩振动，通常在 $1580cm^{-1}$ 附近。

零声子线：声子指晶格振动的简正模能量量子。零声子线就是频率不受声子影响的谱线。温度低的时候测荧光光谱，电子跃迁可以从高能态的最低振动能态跃迁到基态，这个时候的跃迁谱线就叫零声子线。

离子对：带有相反电荷的两个离子依靠库仑引力结合成的一对离子。

晶格振动：就是晶体原子在格点附近的热振动，可用简正振动和振动模来描述。

跃迁：即量子力学体系状态发生跳跃式变化的过程。原子在光的照射下从高（低）能态跳到低（高）能态发射（吸收）光子的过程就是典型的量子跃迁。

N_3 色心：由三个氮原子与一个碳原子结合而成，N_3 色心的零声子线峰值位于 415nm 处。

XRD(X-ray diffraction)：是 X 射线衍射，通过对材料进行 X 射线衍射，分析其衍射图谱，获得材料的成分、材料内部原子或分子的结构或形态等信息的研究手段。

参考文献

艾昊,陈涛,张丽娟,等.黑龙江穆棱地区宝石级锆石成因探讨[J].岩石矿物学杂志,2011,30(2):313-324.

白峰,刘晋华.山东昌乐锆石的谱学特征及变生程度[J].桂林理工大学学报,2012,32(2):169-172.

鲍勇,曲雁,金颖,等.局部漂白充填处理和田玉的鉴定特征[J].宝石和宝石学杂志,2012,14(4):35-39.

蔡佳,余晓艳,刘春花.硅铍石的宝石学特征[J].桂林理工大学学报,2011,31(3):339-343.

曹盼,康亚楠,祖恩东.天然祖母绿和水热法合成祖母绿的拉曼光谱分析[J].光散射学报,2016,28(1):42-44.

曹盼,虞澜,祖恩东.天然水晶与水热法合成水晶的近红外光谱对比分析[J].光散射学报,2017(2):177-180

柴建平,姜宏远,吕秀莲."草莓"水晶包裹体特征研究[J].西部资源,2012(2):160-162.

柴建平,姜宏远,吕秀莲.绿泥石玉的宝石矿物学特征[J].西部资源,2012(1):123-125.

陈鸣鹤.俄罗斯查罗石玉的宝石矿物学研究[D].北京:中国地质大学(北京),2006.

陈木子.利用拉曼光谱快速无损鉴定翡翠[J].光谱实验室,2013(3):1234-1237.

陈全莉,艾苏洁,王谦翔,等.一类绿松石仿制品的宝石学特征研究[J].光谱学与光谱分析,2016,36(8):2629-2633.

陈全莉,亓利剑,陈敬中.绿松石的激光拉曼光谱研究[J].光谱学与光谱分析,2009(2):406-409.

陈全莉,亓利剑,张琰.绿松石及其处理品与仿制品的红外吸收光谱表征[J].宝石和宝石学杂志,2006,01:9-12.

陈全莉,王谦翔,金文靖,等.俄罗斯"绿龙晶"的成分和结构特征研究[J].光谱学与光谱分析,2017,37(7):2225-2229.

陈全莉,尹作为,卜玥文,等.拉曼光谱在危地马拉翡翠矿物组成中的应用研究[J].光谱学与光谱分析,2012,32(9).

陈全莉,尹作为,卜玥文,等.拉曼光谱在危地马拉翡翠矿物组成中的应用研究[J].光谱学与光谱分析,2012,32(9):2447-2451.

陈全莉,袁心强,陈敬中,等.拉曼光谱在优化处理绿松石中的应用研究[J].光谱学与光谱分析,2010(7):1789-1792.

陈全莉,袁心强,贾璐.台湾蓝玉髓的振动光谱表征[J].光谱学与光谱分析,2011,31(6):1549-1551.

陈涛,刘云贵,尹作为,等.黑龙江穆棱地区宝石级石榴石的宝石学及谱学特征[J].光谱学与光谱分析,2013(11):2964-2967.

陈晓蕾.西伯利亚铬透辉石的宝石矿物学特征及颜色成因研究[D].北京:北京中国地质大学(北京),2016.

陈学军.水晶的致色机理及测试技术研究[D].上海:华东理工大学,2011.

陈英丽,赵爱林,殷晓,等.辽宁宽甸绿色云母玉的宝石学特征及颜色成因探讨[J].宝石和宝石学杂志,2012,14(1):46-50.

陈英丽,钟辉.黝帘石质玉的宝石学特征[J].岩矿测试,2007,26(6):465-468.

陈盈,廖宗廷,薛秦芳.山东蓝宝石的包裹体研究[J].上海国土资源,2007,28(3):63-66.

陈征,范建良,杜广鹏.绿辉石玉的光谱学特征[J].激光与光电子学进展,2010,47(10):103-107.

陈征,李志刚,曹姝旻.天然玻璃与玻璃的鉴别[J].宝石和宝石学杂志,2007,9(1):22-22.

代会茹,苏隽,房杰生,等."爱迪生"淡水有核珍珠的鉴定特征[J].宝石和宝石学杂志,2016,18(3):18-23.

代会茹.苏纪石玉的矿物组成及颜色成因研究[D].北京:中国地质大学(北京),2014.

代荔莉.婆罗洲和马达加斯加柯巴树脂的谱学特征及颜色研究[D].北京:中国地质大学(北京),2015.

戴慧,蒋小平,张敏,等.一种罕见的红宝石与蓝晶石共生玉石[J].岩矿测试,2010,29(4):478-480.

邓常劼,胡开艳,熊燕,等.葡萄石 怦然心动的绿——葡萄石的宝石学特征和质量评价[J].中国宝石,2014(5):88-91.

邓常劼,杨丽."红绿宝"的多种矿物组合特征[J].宝石和宝石学杂志,2012,14(3):29-33.

董俊卿,干福熹,李青会,等.我国古代两种珍稀宝玉石文物分析[J].宝石和宝石学杂志,2011(3):46-52.

杜广鹏,范建良.方解石族矿物的拉曼光谱特征[J].矿物岩石,2010,30(4):32-35.

范桂珍,于方,翁诗甫,等.一种琥珀塑料混合体的鉴别[J].岩石矿物学杂志,2014(S2):140-146.

范建良,郭守国,刘学良,等.拉曼光谱在红宝石检测中的应用研究[J].应用激光,2008,28(2):150-154.

范建良,郭守国,毛荐,等.坦桑石与其相似宝石的拉曼光谱研究[J].应用激光,2007,27(3):48-51.

范建良,郭守国,史凌云,等.合成镁橄榄石的矿物学研究[J].人工晶体学报,2007,36(6):1431-1434.

范建良,刘学良,郭守国,等.石榴石族宝石的拉曼光谱研究及鉴别[J].应用激光,2007,27(4):310-313.

范筠.水晶中固体包裹体的特征及其内含金红石的地球化学分析[D].北京:中国地质大学(北京),2014.

范良明,杨永富.四川丹巴地区结晶片岩中蓝晶石颜色成因的研究[J].矿物学报,1982(2):35-40.

范陆薇,吕良鉴,王颖,等.宝石级红珊瑚的激光拉曼光谱特征[J].宝石和宝石学杂志,2007,9(3):1-3.

范陆薇,张琰,胡洋.瘦长红珊瑚的振动光谱研究[J].光谱学与光谱分析,2013,33(9):2329-2331.

伏修锋,干福熹,马波,等.青金石产地探源[J].自然科学史研究,2006(3):246-254.

付芬,田亮光,陶金波,等.不同体色淡水养殖珍珠的结构特征研究[J].人工晶体学报,2013,42(5):869-874.

付培歌,郑海飞.高温高压下文石和方解石的拉曼光谱研究[J].光谱学与光谱分析,2013(6):1557-1561.

傅晓明.电气石的偏振拉曼光谱研究[J].矿产与地质,1998(6):418-422.

高洁.绿松石呈色机理实验与论证[J].超硬材料工程,2008(1):58-61.

高孔,李颖彤,陈奕玲,等.红外光谱在常见水晶与合成水晶鉴别中的应用[J].企业科技与发展,2014(19):32-34.

高诗佳,白峰.硅铍石的包裹体及其形成条件研究[J].岩石矿物学杂志,2013,32(2):180-188.

高述言,李晓生,张循海.稀土多色宝石玻璃的研究[J].齐齐哈尔大学学报(自然科学版),1991(1):57-64.

高娃,杨春,马利."美国苹果绿"的宝石学特征及矿物组成[J].宝石和宝石学杂志,2010,12(4):36-39.

高岩,张蓓莉.淡水养殖珍珠的颜色与拉曼光谱的关系[J].宝石和宝石学杂志,2001,3(3):17-20.

高岩,张辉.天然及染色红珊瑚的拉曼光谱研究[J].宝石和宝石学杂志,2002,4(4):20-23.

耿爱辉,马艳梅,李敏,等.天青石的等温状态方程和拉曼光谱研究[J].原子与分子物理学报,2009,26(4):753-756.

耿宁一,李立平,王誉桦.俄罗斯科拉半岛铬云母玉的宝石学特征[J].宝石和宝石学杂志,2011,13(2):38-43.

耿云瑛,罗跃平.罕见的星光橄榄石[J].宝石和宝石学杂志,2009(4):44,60.

谷湘平,陈良青.楣石的红外光谱及穆斯堡尔谱研究[J].矿产与地质,1991(1):42-45.

顾佳萌,赵庆华,赖俊涛,等.吉林蛟河橄榄石的宝石学特征[J].宝石和宝石学杂志,2015(5):24-31.

韩冰,夏晓东.一种和田玉仿制品——含氟的硅碱钙石微晶化玻璃的初步研究[J].岩石矿物学杂志,2011,30(增刊):101-104.

何谋春,洪斌,吕新彪.钙铝榴石-钙铁榴石的拉曼光谱特征[J].光散射学报,2002,14(2):121-126.

何巧琳,张丽文.琥珀优化处理方法新标准解析及其典型鉴定特征的研究[J].广东科技,2011(18):59-60.

何煦,陈林,李青会,等.竹山和马鞍山绿松石微量元素和稀土元素特征[J].岩矿测试,2011(6):709-713.

何雪梅,薛源,蒋文一,等.独山玉颜色成因分析[J].岩石矿物学杂志,2014(S1):69-75.

胡洋,范陆薇,黄艺兰.彩色珍珠致色成分的拉曼光谱研究[J].光谱学与光谱分析,2014(1):98-102.

黄菲,寇大明,姚玉增,等.拉曼光谱研究天然FeS_2晶须结构及其相变规律[J].光谱学与光谱分析,2009,29(8):2112-2116.

黄若然,尹作为.天然与热处理刚玉的谱学鉴别[J].光谱学与光谱分析,2017,37(1):80-84.

黄涛,张胜男,黄菲,等.红透山黄铁矿的红外光谱研究[J].地学前缘,2013,20(3):104-109.

姜岚,狄敬如,陈偲偲.湖北黄石与印度浦那鱼眼石的宝石学特征对比研究[J].宝石和宝石学杂志,2010,12(1):26-28.

蒋佳丽,陈美华,任芊芊.电子辐照及热处理对无色—浅黄色方柱石颜色的影响[J].宝石和宝石学杂志,2017,19(1):22-29.

康霞,王蕾蕾.和田玉与仿和田玉玻璃的识别特征[J].甘肃科技,2013,29(14):49-50.

来红州,王时麒,俞宁.辽宁岫岩叶蛇纹石热处理产物的矿物学特征[J].矿物学报,2003,23(2):124-128.

赖萌,杨如增.黑珊瑚与海藻微生长结构的差异性及鉴定[J].宝石和宝石学杂志,2014,16(6):14-20.

兰延,王薇薇,谢俊,等.金色海水珍珠和染色金色海水珍珠的鉴别[J].中国宝石,2010(1):98-100.

兰延,张珠福,张天阳.X荧光能谱技术鉴别淡水珍珠和海水珍珠的应用[J].宝石和宝石学杂志,2010,12(4):31-35.

李晨,杨力乙,王继林.琥珀及其仿制品的鉴定特征[J].山东国土资源,2015(6):75-77.

李耿,曾明.黑色处理珍珠的拉曼光谱特征研究[J].岩石矿物学杂志,2014(S1):153-156.

李建军,刘晓伟,王岳,等.不同结晶程度SiO_2的红外光谱特征及其意义[J].红外,2010(12):31-35.

李建军,刘晓伟.一例艳绿色蓝闪石的宝石学特征[J].宝石和宝石学杂志,2012,14(3):44-47.

李坤,申晓萍.琥珀及其主要仿制品的红外光谱鉴定[J].中国测试,2013(S2):33-36.

李立平,李姝萱,燕唯佳,等.黑珊瑚、金珊瑚及海藻的鉴别特征[J].宝石和宝石学杂志,2012,14(4):

1-10.

李灵洁,张晋丽,黄圣轩,等.紫色日本马氏贝珍珠颜色成因研究[J].岩石矿物学杂志,2016(S1):137-143.

李宁,王琦,张良钜,等.广西梧桐菱锰矿的宝石学特征研究[J].大众科技,2009(6):129-130.

李锐,徐志,熊燕,等.墨绿色仿翡翠品的宝石学特征[J].宝石和宝石学杂志,2014,16(5):49-54.

李圣清,张义丞,祖恩东,等.南红玛瑙的宝石学特征[J].宝石和宝石学杂志,2014(3):46-51.

李雯雯,吴瑞华,陈鸣鹤.俄罗斯穆伦地区查罗石玉矿物学特征的研究[J].硅酸盐通报,2008,27(1):71-76.

李晓静,祖恩东.有机宝石近红外光谱分析[J].红外技术,2016,38(2):175-178.

李晓琳,徐志,郭倩,等.一种仿黑色翡翠的黝帘石玉[J].宝石和宝石学杂志,2013,15(2):38-42.

李欣.硫酸锶和硫酸钡的高压拉曼研究[D].长春:吉林大学,2007.

李雪亮,王以群,毛荐,等.蓝宝石与相似宝石的拉曼光谱研究[J].激光与红外,2008,38(2):152-153.

李娅莉,薛秦芳,李立平,等.宝石学教程[M].武汉:中国地质大学出版社,2006.

李志刚.云南元江碧玺的宝石矿物学及谱学研究[D].武汉:中国地质大学(武汉),2001.

梁宝玉,于万里,曹圆圆,等.一种石膏仿寿山石的特征分析[J].宝石和宝石学杂志,2012,14(2):40-43.

梁婷,周义,谢星.陕西商洛绿帘石的基本特征研究[J].宝石和宝石学杂志,2003,5(2):30-32.

梁婷.祖母绿的红外光谱特征研究[J].地球科学与环境学报,2003,25(2):10-13.

林传易,朱和宝,马钟玮.某些碳酸盐矿物中Mn^{2+}和Fe^{2+}离子的晶场光谱[J].矿物学报,1983(1):50-56.

刘川江,郑海飞.常温0～1GPa压力下重晶石的拉曼光谱研究[J].光谱学与光谱分析,2011,31(6):1529-1532.

刘高魁,高振敏.锆石的红外光谱及其意义[J].地球与环境,1982(9):41-44.

刘国彬,康旭,张林.新疆翠榴石的矿物成因研究[J].矿物学报,2015(1):3-10.

刘海梅,孙瑞皎,那宝成,等.几种俗称为桃花玉玉石的区别和鉴定[J].山东国土资源,2012,28(8):51-54.

刘姣.河南卢氏蔡家沟锂辉石矿物学特征及提锂工艺实验研究[D].北京:中国地质大学(北京),2011.

刘锦,孙樯.金刚石压腔蛇纹石原位拉曼光谱研究[J].光谱学与光谱分析,2011,31(2):398-401.

刘劲鸿.福建马坑铁矿中角闪石的谱学特征及成因意义[J].矿物岩石,1988(1):20-30.

刘晋华,白峰,罗书琼,等.山东昌乐锆石的热处理实验及呈色机理研究[J].岩石矿物学杂志,2012,31(3):454-458.

刘晓亮,陈熙皓.琥珀及其仿制品的宝石学鉴定特征[J].大众标准化,2015(1):74-77.

刘晓亮,况守英,邓松良,等.一种仿白玉材料——含氟、铝的硅碱钙石、针硅钙石雏晶化玻璃宝石学特征[J].新疆地质,2015(4):489-492.

刘学良,范建良,毛荐,等.显微共焦拉曼技术对有机-无机充填红宝石的表征[J].激光与红外,2008(10):984-986.

刘琰,邓军,王庆飞,等.云南金顶异极矿晶体化学特征与颜色成因探讨[J].高校地质学报,2005,11(3):434-441.

刘琰,沈战武,邓军,等.锡石振动光谱特征与矿物成因类型[J].光谱学与光谱分析,2008,28(7):1506-1509.

刘艺苗,陈涛.黑龙江穆棱红、蓝宝石的宝石学特征[J].宝石和宝石学杂志,2015,17(4):1-7.

刘志勇,干福熹,承焕生,等.河南南阳独山玉的岩相结构和无损分析[J].硅酸盐学报,2008,36(9):1330-1334.

龙楚,李新岭,徐志,等.俄罗斯碧玉的物质组成及颜色成因研究[J].岩石矿物学杂志,2011,30(增刊):78-82.

鲁先虎,吴晓.染色充填矽线石仿红宝石的鉴定[J].宝石和宝石学杂志,2014,16(6):39-42.

陆晓颖,戴正之,倪俊琳.近红外光谱在琥珀鉴定中的应用[J].上海计量测试,2007(2):15-17.

陆晓颖,汤红云,涂彩,等.优化处理祖母绿的鉴定方法[J].上海计量测试,2014(2):2-7.

陆晓颖,汤红云,涂彩.红外光谱仪在优化处理祖母绿鉴定中的应用[J].上海计量测试,2013(4):4-7.

吕璐,熊燕,袁婷.翡翠红外光谱特征的测量与分析[J].超硬材料工程,2009(3):54-57.

栾雅春.河南西峡羊奶沟红柱石矿物学特征及莫来石化行为研究[D].北京:中国地质大学(北京),2012.

罗红宇,彭明生,廖尚宜,等.金绿宝石和变石的呈色机理[J].现代地质,2005,19(3):355-360.

罗红宇.金绿宝石和变石的矿物谱学研究及其应用[D].广州:中山大学,2006.

罗洁,剡晓旭,陈林聪.蓝色蓝晶石的宝石学特征及颜色成因探讨[J].超硬材料工程,2016,28(5):57-61.

罗书琼,李凯,刘迎新.不同颜色木变石的致色机理研究[J].岩石矿物学杂志,2014(S1):76-82.

罗跃平,郑秋菊,王春生.石榴石的品种及鉴定[J].宝石和宝石学杂志,2015,17(3):36-42.

罗跃平.方解石的矿物学特征及其褪色实验研究[D].北京:中国地质大学(北京),2003.

罗泽敏,陈美华,赵曦.新疆可可托海碧玺热处理工艺探索及谱学特征[J].宝石和宝石学杂志,2008,10(1):42-45.

马红艳,崔大安,秦作路,等.广西岛坪磷氯铅矿的谱学特征[J].矿物学报,2006,26(2):165-168.

马艳梅,崔启良,周强,等.橄榄石原位高温拉曼光谱研究[J].吉林大学学报(地球科学版),2006(3):342-345.

孟国强,陈美华,王雅玫.莫桑比克天河石的宝石学特征[J].宝石和宝石学杂志,2016(4):28-32.

牟莉,崔文元.昌化明矾石地鸡血石的矿物学研究[J].岩石矿物学杂志,2004,23(1):69-74.

欧阳妙星,岳素伟,高孔.琥珀及其仿制品的鉴定[J].宝石和宝石学杂志,2016(1):24-34.

欧阳秋眉,李汉声,郭熙.墨翠——绿辉石玉的矿物学研究[J].宝石和宝石学杂志,2002,4(3):1-4.

潘峰,喻学惠,莫宣学,等.铝硅酸盐矿物的Raman振动特征解析[J].硅酸盐学报,2007,35(8):1110-1114.

裴景成,袁红庆,谢浩,等."白松石"的宝石学特征及矿物组成[J].宝石和宝石学杂志,2011,13(1):25-28.

彭晶晶,王铎.符山石玉的初步研究[J].宝石和宝石学杂志,2010,12(2):29-31.

彭明生,何双梅.不同成因锡石的红外光谱研究[J].科学通报,1985,30(8):600-600.

彭明生,张如柏,郑楚生,等.青金石的谱学研究及其意义[J].中南矿冶学院学报,1983(2):90-97.

彭明生.宝石优化处理与现代测试技术[M].北京:科学出版社,1995.

彭文世,刘高魁,柯丽琴.某些磷灰石矿物的红外吸收光谱[J].矿物学报,1986(1):28-37.

彭文世,刘高魁.方解石族与文石族矿物振动光谱的因子群分析[J].矿物学报,1983(3):11-16.

彭玉旋.红外光谱在几种相似硫酸盐矿物判别中的应用[J].新疆地质,2015(1):130-133.

亓利剑,C.G.Zeng,袁心强.充填处理红宝石中的高铅玻璃体[J].宝石和宝石学杂志,2005(2):1-6.

亓利剑,黄艺兰,曾春光.各类金色海水珍珠的呈色属性及UV-NIS反射光谱[J].宝石和宝石学杂志,2008,10(4):1-8.

亓利剑,曾春光,曹姝旻.扩散处理合成蓝宝石的特征及其扩散机制[J].宝石和宝石学杂志,2006,8(3):4-9.

亓利剑,招博文,周征宇,等.新疆黄色绿柱石结构水辐照离解与F-NIR光谱解析[J].矿物学报,2012(S1):103-105.

亓利剑,周征宇,廖冠琳,等.猛犸牙与象牙的微生长结构及红外吸收光谱的差异性[J].宝石和宝石学杂志,2010,12(3):1-4.

亓利剑,周征宇,廖冠琳,等.热压条件下绿色柯巴树脂的聚化行为及 ^{13}C NMR表征[J].宝石和宝石学杂志,2010(3):9-13.

齐永恒,吴改,陈美华.胭脂螺外骨骼的宝石学特征[J].宝石和宝石学杂志,2016,18(5):40-46.

钱汉东,季寿元,刘云.黑云母的红外光谱研究[J].岩矿测试,1985,4(4):307-313.

丘志力,徐志,张余,等.广绿玉玉石的矿物学研究[J].中山大学学报(自然科学版),2010,49(3):146-151.

任芊芊,陈美华,王成思,等.粉色—紫色缅甸尖晶石热处理前后紫外-可见光谱分析[J].宝石和宝石学杂志,2016,18(3):24-30.

阮青锋,邱志惠,张良钜,等.绿柱石晶体的水热法生长及特征研究[J].人工晶体学报,2009,38(1):250-255,275.

邵慧娟,亓利剑,钟倩,等.俄罗斯富铁型水热法合成祖母绿特征研究[J].宝石和宝石学杂志,2014,16(1):26-34.

申柯娅.红外光谱在仿古玉石鉴定中的应用[J].光谱实验室,2010,27(4):1393-1398.

申晓萍,李坤.两种新型白玉仿制品[J].宝石和宝石学杂志,2010,12(2):39-40.

申晓萍,汪立今,宋松山,等.新疆南天山红柱石化学成分及谱学特征研究[J].地球学报,2007,28(4):349-355.

苏隽,陆太进,魏然,等.ExCel充填祖母绿的鉴定特征[J].宝石和宝石学杂志,2014,16(6):34-38.

苏雨岽,杨春,罗源.一种南非蛇纹石玉的宝石学特征及其颜色成因[J].宝石和宝石学杂志,2015,17(6):25-30.

眭娇,刘学良,郭守国.韩国软玉和青海软玉的谱学研究[J].激光与光电子学进展,2014,51(7):175-181.

孙访策,赵虹霞,干福熹.翡翠成分、结构和矿物组成的无损分析[J].光谱学与光谱分析,2011(11):3134-3139.

孙丽华,王时麒.玉石新品种——绿帘石透闪石玉[J].宝石和宝石学杂志,2010,12(1):23-25.

孙主,李娅莉.俄罗斯水热法合成祖母绿的宝石学特征研究[J].宝石和宝石学杂志,2010,12(1):12-15.

汤超,周征宇,廖宗廷.玳瑁与其两种仿制品的鉴别[J].宝石和宝石学杂志,2014,16(6):6-13.

唐俊杰,刘曦,熊志华,等.蓝柱石的高温X射线衍射、差热-热重分析、偏振红外光谱和高压拉曼光谱研究[J].矿物岩石地球化学通报,2014,33(3):289-298.

涂彩,汤红云,陆晓颖,等.利用拉曼光谱鉴别优化处理宝玉石[J].上海计量测试,2014(6):24-26.

吐尔逊·艾迪力比克,巴合提古丽·阿斯里别克,艾尔肯·斯地克.天然方钠石的近红外发光特性[J].红外,2013,34(3):32-35.

汪建明.一种稀少的宝石——蓝色针钠钙石[J].地质学刊,2010,34(3):295-299.

王铎,陈征,邓常劼,等.宝石有机胶充填的探讨[J].宝石和宝石学杂志,2012,14(4):16-22.

王洁宁.淡水与海水有核养殖珍珠对比研究[D].北京:中国地质大学(北京),2016.

王丽,胡小波,董捷,等.Micro-Raman 光谱鉴定合成碳化硅单晶的多型结构[J].功能材料,2004,35(z1):3400-3404.

王玲,朱德茂,孙静昱,等.宝石级天然玻璃的鉴别特征[J].宝石和宝石学杂志,2015,17(3):43-47.

王妮.蓝色托帕石的宝石学特征及放射性研究[D].北京:中国地质大学(北京),2016.

王濮.系统矿物学[M].北京:地质出版社,1982.

王蓉,张保民.辉石的拉曼光谱[J].光谱学与光谱分析,2010,30(2):376-381.

王世霞,郑海飞.方解石高压相变的拉曼光谱研究[J].光谱学与光谱分析,2011(8):2117-2119.

王笑娟,刘楠,宁娜静,等.绿松石及其处理品与仿制品的谱学特征研究[J].中国化工贸易,2017,9(11):212-213.

王雅玫,牛盼,谢璐华.应用稳定同位素示踪琥珀的产地[J].宝石和宝石学杂志,2013(3):9-17.

王雅玫,杨明星,杨一萍,等.鉴定热处理琥珀的关键证据[J].宝石和宝石学杂志,2010(4):25-30,63.

王雅玫,杨明星,酉婷婷.压制琥珀的新认识[J].宝石和宝石学杂志,2012(1):38-45.

王亚军,石斌,袁心强,等.缅甸翡翠化学成分的变化对其红外光谱的影响[J].光谱学与光谱分析,2015(8):2094-2098.

王亚军,袁心强,付汗青.新疆宝石级锂云母岩的矿物学特征研究[J].宝石和宝石学杂志,2014,16(4):22-28.

王亚军,周燕萍,石斌,等.河南淅川木变石宝石学研究(下)[J].超硬材料工程,2014,26(3):50-54.

王妍,施光海,师伟,等.三大产地(波罗的海、多米尼加和缅甸)琥珀红外光谱鉴别特征[J].光谱学与光谱分析,2015(8):2164-2169.

王瑛,蒋伟忠,陈小英,等.琥珀及其仿制品的宝石学和红外光谱特征[J].上海地质,2010(2):58-62.

王永亚,干福熹.广西陆川蛇纹石玉的岩相结构及成矿机理[J].岩矿测试,2012,31(5):788-793.

王永亚,干福熹.中国岫岩玉的致色机理及色度学研究[J].光谱学与光谱分析,2012,32(9):2305-2310.

王正东,毛振伟,钟华,等.花石嘴元墓出土化妆品的初步研究[J].岩矿测试,2008,27(4):255-258.

魏国锋,张晨,陈国梁,等.陶寺、殷墟白灰面的红外光谱研究[J].光谱学与光谱分析,2015,35(3):613-616.

魏巧坤,丘志力.一种染色红珊瑚仿制品的宝石学特征及鉴定[J].宝石和宝石学杂志,2004,6(1):24-26.

温纪如,康霞,王蕾蕾.人造硼铝酸锶的宝石学特征研究[J].甘肃地质,2011(3):80-83.

文长春.桂林鸡血玉的激光拉曼光谱研究[J].超硬材料工程,2015(2):57-59.

闻辂.矿物红外光谱学[M].重庆:重庆出版社,1989.

翁诗甫.傅立叶变换红外光谱仪[M].北京:化学工业出版社,2005.

吴福全,吴闻迪,苏富芳,等.有色方解石晶体退色及光学性能的研究[J].光学学报,2015(9):214-219.

吴浩秋.橙—红色系列石榴石宝石学特征及颜色成因研究[D].北京:中国地质大学(北京),2016.

吴谨光.近代傅立叶变换红外光谱技术及应用(下卷)[M].北京:科学技术出版社,1994.

吴文杰,王雅玫.琥珀的激光拉曼光谱特征研究[J].宝石和宝石学杂志,2014(1):40-45.

吴烨.宝石有机填充材料的拉曼光谱研究[D].昆明:昆明理工大学,2010.

吴之瑛,王时麒,凌潇潇,等.青金石仿制品的鉴定研究[J].岩石矿物学杂志,2014(S1):141-145.

奚波,许自彭,高红卫,等.热处理红宝石中玻璃充填物的拉曼光谱特征[J].宝石和宝石学杂志,2001,3(4):5-7.

夏树屏,高世扬,李军,等.硼酸盐的红外光谱[J].盐湖研究,1995(3):49-53.

向亭译.浅析铬钒钙铝榴石的颜色成因[J].科学技术与工程,2012,12(30):7995-7998.

肖萍,郑少波,尤静林,等.钛氧化物结构及其拉曼光谱表征[J].光谱学与光谱分析,2007,27(5):936-939.

肖启云.河南南阳独山玉的宝石学及其成因研究[D].北京:中国地质大学(北京),2007.

肖万生,张红,谭大勇,等.金红石高温高压相变的Raman光谱特征[J].光谱学与光谱分析,2007,27(7):1340-1343.

谢超,杜建国,崔月菊,等.1.0~4.4GPa下奥长石拉曼光谱特征的变化[J].光谱学与光谱分析,2012,32(3):691-694.

谢浩.晕彩斜长石的种类[J].宝石和宝石学杂志,2002,4(2):22-24.

谢先德.中国宝玉石矿物物理学[M].广州:广东科技出版社,1999.

谢意红,王成云.不同颜色翡翠的微量元素及红外光谱特征[J].岩矿测试,2003(3):183-187.

谢意红.合成彩色立方氧化锆的宝石学特征[J].宝石和宝石学杂志,2002,4(4):28-31.

谢意红.蓝宝石的紫外-可见光谱及其致色机理分析[J].宝石和宝石学杂志,2004,6(1):9-12.

谢意红.南非苏纪石的宝石矿物学研究[J].深圳职业技术学院学报,2009(3):71-73.

谢意红.紫外-可见分光光度计在优化处理宝石鉴定中的应用[J].分析仪器,2003(2):31-33.

谢祖宏,唐雪莲,李剑,等.缅甸琥珀不同品种的红外光谱特征[J].超硬材料工程,2013(5):52-56.

邢旺娟.珠宝检测中分辨淡水珍珠与海水珍珠的方法研究[J].华北国土资源,2015(5):90-92.

邢莹莹,朱莉,等.辽宁抚顺煤精的宝石学特征研究[J].宝石和宝石学杂志,2007,9(4):21-24.

邢莹莹.辽宁抚顺煤精的宝石矿物学特征及热解演化行为[D].武汉:中国地质大学(武汉),2008.

熊燕,陈全莉,亓利剑,等.湖北秦古绿松石的红外吸收光谱特征[J].红外技术,2011(10):610-613.

熊燕,陈全莉.湖北秦古绿松石的可见吸收光谱特征[J].宝石和宝石学杂志,2008(2):34-37.

徐翀,阮利光,蒋文,等.白色"电镀"淡水珍珠的鉴别特征[J].宝石和宝石学杂志,2016,18(4):33-40.

徐佳佳,尹作为,于成伟.吉林蛇纹石玉特征初步研究[J].宝石和宝石学杂志,2009,11(3):15-18.

徐培苍.地学中的拉曼光谱[M].西安:陕西科学技术出版社,1996.

徐速,石小平.宝石级蓝锥矿宝石学特征及鉴定[J].宝石和宝石学杂志,2017,19(2):49-56.

徐娅芬,狄敬如,朱勤文,等.河南省伏牛山"梅花玉"的宝石矿物学特征[J].宝石和宝石学杂志,2017(6):21-30.

徐志,郭倩,李锐.金珍珠中$CaCO_3$物相分析[J].岩石矿物学杂志,2014(S1):157-161.

徐志,李锐,郭倩,等.红外光谱镜面反射法应用于文石晶体取向测试的探讨[J].红外技术,2015,37(2):171-175.

薛蕾,王以群,范建良.黄色蛇纹石玉的谱学特征研究[J].激光与红外,2009,39(3):267-270.

闫秋实,尹观.锆石红外光谱在地质研究中的应用[J].物探与化探,2004,28(2):142-146.

严俊,刘晓波,周德坤,等.淡海水养殖珍珠的紫外-可见吸收光谱特性研究[J].理化检验:化学分册,2016,52(12):1370-1374.

燕唯佳,李立平,刘虹靓.一种绿色"斑马石"玉料的矿物组成研究[J].宝石和宝石学杂志,2013,15(1):15-22.

杨柏林,马昌和,王兴理.某些矿物光谱信息及遥感意义[J].矿物岩石地球化学通报,1986,5(4):183-184.

杨春,边智虹,王雅玫,等.一种柠檬色蛇纹石玉的宝石学特征及颜色成因[J].资源环境与工程,2006,20(6):760-765.

杨春,张平,张琨.湖北巴东绢云母玉的宝石学研究[J].资源环境与工程,2009,23(1):74-78.

杨芳,余晓艳,李耿,等.河北阜平变色萤石的宝石学特征研究[J].矿产综合利用,2007(1):26-31.

杨如增,薛景,郑越.海蓝宝石热处理改色机理及其光谱特征研究[J].上海国土资源,2012,33(4):72-75.

杨如增,杨松.红外光谱和拉曼光谱在热处理海蓝宝石鉴定中的应用[J].宝石和宝石学杂志,2014,16(1):46-49.

杨潇,莫祖荣,王琦.一种仿黄色翡翠玉石的宝石学特征[J].宝石和宝石学杂志,2012,14(3):40-43.

杨杨,阮青锋,宋林,等.云南昭通南红的宝石矿物学特征[J].矿物岩石,2015(4):28-36.

杨一萍,王雅玫.琥珀与柯巴树脂的有机成分及其谱学特征综述[J].宝石和宝石学杂志,2010(1):16-22.

杨玉萍,郑海飞.常温和压力0.1~1300 MPa下硬石膏的拉曼光谱研究[J].矿物学报,2005,25(3):299-302.

杨岳清,王文瑛,倪云祥,等.南平花岗传晶岩中的羟磷铝锂石矿物学研究[J].福建地质,1995(1):8-21.

姚雪,邱明君,祖恩东.紫色方钠石的拉曼光谱研究[J].超硬材料工程,2009,21(1):59-61.

叶敏,沈锡田,隗澎.Zultanite(变色水铝石)的宝石学及谱学特征[J].宝石和宝石学杂志,2016,18(5):34-39.

佚名.河南隐山蓝晶石晶体化学特征的探讨[J].宝石和宝石学杂志,2004(2):45-45.

阴家润,田莹,张毅.晚白垩世菊石化石与加拿大彩斑宝石[J].自然杂志,2008,30(3):160-163.

尹作为,罗琴凤,郑晨,等.猛犸牙的谱学特征分析[J].光谱学与光谱分析,2013,33(9):2338-2342.

于方,范桂珍,翁诗甫,等.埃塞俄比亚染色欧泊的研究[J].岩石矿物学杂志,2014(S2):123-139.

于威,吕雪芹,宋维才,等.合成碳化硅薄膜的光学特性研究[J].河北大学学报(自然科学版),2007,27(1):24-27.

余晓艳,柯捷,雷引玲.符山石玉的宝石学特征研究[J].宝石和宝石学杂志,2005,7(2):14-17.

余晓艳.有色宝石学教程[M].北京:地质出版社,2009.

郁益,曾凡龙,王铎,等."紫龙晶"与"绿龙晶"的宝石学特征[J].宝石和宝石学杂志,2009,11(2):49-50.

袁婷.同一方向碧玺的红外光谱谱学特征[J].超硬材料工程,2008,20(6):57-60.

袁心强,亓利剑,杜广鹏,等.缅甸翡翠紫外-可见-近红外光谱的特征和意义[J].宝石和宝石学杂志,2003(4):11-16.

袁心强.翡翠宝石学[M].武汉:中国地质大学出版社,2004.

袁媛.青海软玉的谱学研究[D].上海:上海同济大学,2006.

曾长育,赵明臻,李红中,等.云开地块西南缘飞鹅岭矽卡岩型铅锌矿床中石英和方解石的矿物学特征研究[J].光谱学与光谱分析,2015(9):2558-2562.

张蓓莉.系统宝石学[M].北京:地质出版社,2006.

张大为,杨继胜.用拉曼光谱法鉴定莫桑石[J].中国技术监督,2013(1):69-69.

张惠芬,曹俊臣.天然萤石的拉曼光谱和发光谱研究[J].矿物学报,1996(4):394-402.

张建洪,李朝晖.南阳独山玉的矿物学研究[J].岩石矿物学杂志,1989(1):53-64.

张丽.助熔剂法合成尖晶石的宝石学特征研究[J].宝石和宝石学杂志,2004(2):18-21,50.

张文弢.丁香紫玉的宝石学特征[J].科技信息,2013(21):67-67.

张欣,杨明星,狄敬如,等.与绿松石相似的三种天然矿物的鉴别与谱学特征[J].宝石和宝石学杂志,2014,16(3):38-45.

张永旺,刘琰,刘涛涛,等.新疆和田透闪石软玉的振动光谱[J].光谱学与光谱分析,2012,32(2):398-401.

章凯,王德海.珍珠表层组成及结构的表征方法研究[J].浙江化工,2016,47(3):44-48.

赵瑞廷,张健萍.多种检测手段在宝石级红珊瑚鉴定中的联合应用[J].内蒙古民族大学学报(自然汉文版),2011,26(6):663-665.

赵延华,韩旭.傅立叶变换-红外光谱法快速测定面粉中滑石粉[J].理化检验:化学分册,2011,47(2):208-210.

郑晨,尹作为,殷科,等."海纹石"的矿物学及谱学特征研究[J].光谱学与光谱分析,2013,33(7):1977-1981.

郑秋菊,廖任庆,刘志强,等."金鳞石"(锂云母玉)的宝石学特征[J].宝石和宝石学杂志,2016,18(6):35-41.

中华人民共和国国家质量监督检验检疫总局,中国国家标准化管理委员会.珠宝玉石鉴定(GB/T 16553—2010)[M].北京:中国标准出版社,2011.

周川杰,胡瑶,郝爽,等.四川"雅翠"的宝石学特征及命名探讨[J].宝石和宝石学杂志,2013,15(3):43-49.

周丹怡,陈华,陆太进,等.基于拉曼光谱-红外光谱-X射线衍射技术研究斜硅石的相对含量与石英质玉石结晶度的关系[J].岩矿测试,2015,34(6):652-658.

周全德,王以群.红宝石傅立叶红外光谱研究[J].宝石和宝石学杂志,2000(1):23-26.

周树礼,刘衍宇.黑曜岩及其仿制品的对比研究[J].超硬材料工程,2010,22(3):48-52.

周彦,亓利剑,戴慧,等.安徽马鞍山磷铝石宝石矿物学特征研究[J].岩矿测试,2014,33(5):690-697.

朱红伟,孟杰.覆膜琥珀的鉴别[J].中国宝玉石,2011(6):160-162.

朱琳.红色—黄色系列石榴石的宝石学特征研究[D].北京:中国地质大学(北京),2015.

朱晓芳.天然琥珀及其仿制品的谱学研究[D].秦皇岛:燕山大学,2012.

祝琳,何翀,杨明星,等.一种仿绿松石材料的宝石学特征[J].宝石和宝石学杂志,2017,19(6):15-20.

邹妤.陕西蓝田玉的宝石学特征研究及其社会经济价值探讨[D].北京:中国地质大学(北京),2006.

祖恩东,陈大鹏,张鹏翔.翡翠B货的拉曼光谱鉴别[J].光谱学与光谱分析,2003,23(1):64-66.

祖恩东,李茂材,张鹏翔.二氧化硅类玉石的显微拉曼光谱研究[J].昆明理工大学学报,2000,25(3):77-78.

左洋,李秀杰,孙书,等.环氧树脂的红外光谱法快速检测技术[J].失效分析与预防,2017,12(1):28-32.

Antonakos A,Liarokapis E,Leventouri T.Micro-Raman and FTIR studies of synthetic and natural apatites[J].Biomaterials,2007,28(19):30,43-54.

Asakawa C,Takagi H,Ferres L,et al.The characterization of tortoise shell and its imitations[J].Gems & Gemology,2008,42(1):36-52.

Beny M,Pirion B.Vibrational spectra of single-crystal topaz[J].Physics & Chemistry of Minerals,1987(15):148-154.

Buzatu A,Buzgar N.The Raman study of single-chain silicates[J].New Data on Minerals,2010(1):107-125.

Carol M Stockton,Rober E Kane,夏皓.用红外光谱鉴别金绿宝石[J].国外非金属矿与宝石,1989(4):38-39.

Choudhary G.A remarkably large amblygonite-montebrasite carving[J].Gems & Gemology,2015, 51(1):98-99.

Frost R L,Hales M C,Wain D L. Raman spectroscopy of smithsonite[J].Journal of Raman Spectroscopy,2008(39):108-114.

Gagan Choudhary. Greenish blue spodumene [EB/OL]. https://www.gia.edu/gems-gemology/WN13-GNI-greenish-blue-spodumene,2017-12-22.

Hofmeister A M,Hoering T C,Virgo D.Vibrational spectroscopy of beryllium aluminosilicates: heat capacity calculations from band assignments[J].Physics & Chemistry of Minerals,1987,14(3): 205-224.

Hofmeister A N,Rossman,et al.Exsolution of metallic copper from Lake Country labradorite[J]. Geology,1985(13):644-7.

HyeJin Jang-Green. Dyed Green Beryl[EB/OL]. https://www.gia.edu/gems-gemology/winter-2016-labnotes-dyed-green-beryl,2017-12-22.

Iurii Gaievskyi, Igor Iemelianov. Color-change synthetic cubic zirconia as peridot imitation[EB/OL]. https://www.gia.edu/gems-gemology/fall-2015-gemnews-color-change-synthetic-cubic-zirconia-peridot-imitation,2017-12-22.

Keith A Mychaluk, Alfred A Levinson, Russell L Hall.Ammolite:iridescent fossilized ammonite from Southern Alberta,Canada [J].Gems & Gemology,2001,37(1):4-28.

Laurs B M,Rohtert W R,Gray M.Benitoite from the New Idria District,San Benito County,California[J].Gems & Gemology,1997,33(3):166-187.

Le Thi-Thu Huong, Laura M Otter, Tobias Häger, et al. A new find of danburite in the Luc Yen Mining Area, Vietnam[EB/OL]. https://www.gia.edu/gems-gemology/winter-2016-danburite-luc-yen-mining-area-vietnam,2017-12-22.

Li Jianjun, Weng Xiaofan, Yu Xiaoyan, et al. Infrared spectroscopic study of filled moonstone [EB/OL]. https://www.gia.edu/gems-gemology/spring-2013-jianjun-spectroscopic-study-filled-moonstone, 2017-12-22.

Margherita Superchi, Federico Pezzotta, Elena Gambini, et al. Yellow scapolite from Ihosy, Madagascar [EB/OL]. https://www.gia.edu/CN/gems-gemology/winter-2010-scapolite-madagascar-superchi,2017-12-22.

Matson D W. Raman spectra of some tectosilicates and of glasses along the orthoclase-anorthite and nepheline-anorthitejoins[J]. American Mineralogist,1986,71(5-6):694-704.

Mernagh T P. Use of the laser Raman microprobe for discrimination amongst feldspar minerals[J]. Journal of Raman Spectroscopy,1991,22(8):453-457.

Nathan Renfro, Andy Shen. Green Kyanite[EB/OL]. https://www.gia.edu/gems-gemology/summer-2013-gemnews-green-kyanite,2017-12-22.

Nestler K,Dietrich D,Witke K,et al.Thermogravimetric and Raman spectroscopic investigations on different coals in comparison to dispersed anthracite found in permineralized tree fern Psaronius[J].Journal of Molecular Structure,2003,661(25):357-362.

NGTC.警惕假"鸡油黄"琥珀——一种覆黄色膜琥珀的鉴定特征[EB/OL].http://www.ngtc.com.cn/index.php?m=Article&a=show&id=152,2017-12-22.

Pommier C J S,Denton M B,Downs R T.Raman spectroscopic study of spodumene ($LiAlSi_2O_6$) through the pressure - induced phase change from C2/c to P21/c[J].Journal of Raman Spectroscopy,

2003,34(10):769-775.

Rondeau B,Fritsch E,Lefevre P,et al. A Raman investigation of the amblygonite—montebrasite series[J].The Canadian Mineralogist,2006(44):1109-1117.

RRUFF. Kornerupine R050214 [EB/OL]. http://rruff.info/kornerupine/display=default/R050214,2017-12-22.

RRUFF. Sugilite R070623[EB/OL]. http://rruff.info/sugilite/display=default/R070623,2017-12-22.

Ruan H D,Frost R L,Kloprogge J T.Comparison of Raman spectra in characterizing gibbsite,bayerite,diaspore and boehmite[J].Journal of Raman Spectroscopy,2001,32(9):745-750.

Schme,何自立.用红外光谱区分天然和人造祖母绿时绿柱石[J].国外地质(成都),1992(1):92-97.

Seriwat Saminpanya. Thai-Myanmar Petrified Woods[J].Gems & Gemology,2015,51(3):337-339.

Thierry Pradat,Gagan Choudhary. Gem-Quality Cr-Rich Kyanite from India[EB/OL]. https://www.gia.edu/gems-gemology/spring-2014-gemnews-indian-pradat-kyanite,2017-12-22.

Uyi Wang,Kenneth Scarratt,Akira Hyatt,et al. Identification of "Chocolate Pearls" treated by Ballerina Pearl Co. [EB/OL]. https://www.gia.edu/gems-gemology/winter-2006-identification-chocolate-pearls-ballerina-co-wang,2017-12-22.

Yixin (Jessie) Zhou,Chunhui Zhou. Strong pinkish purple freshwater bead-cultured pearls[EB/OL]. https://www.gia.edu/gems-gemology/summer-2015-labnotes-pinkish-purple-freshwater-bead-cultured-pearls,2017-12-22.

Ziyin Sun,Amy Cooper,Adam Steenbock. Natural faceted red rutile[EB/OL]. https://www.gia.edu/gems-gemology/fall-2015-gemnews-natural-faceted-red-rutile,2017-12-22.

图书在版编目(CIP)数据

珠宝玉石无损检测光谱库及解析/罗彬等编著. —武汉:中国地质大学出版社,2019.6
(2021.3 重印)
ISBN 978-7-5625-4199-8

Ⅰ.①珠…
Ⅱ.①罗…
Ⅲ.①电光谱-应用-玉石-无损检验
Ⅳ.①TS933.21

中国版本图书馆 CIP 数据核字(2017)第 315461 号

珠宝玉石无损检测光谱库及解析	罗 彬 喻云峰 廖 佳 等 编著
责任编辑:阎 娟	责任校对:徐蕾蕾
出版发行:中国地质大学出版社(武汉市洪山区鲁磨路388号)	邮政编码:430074
电 话:(027)67883511　　传 真:67883580	E-mail:cbb@cug.edu.cn
经 销:全国新华书店	http://cugp.cug.edu.cn
开本:787 毫米×1092 毫米 1/16	字数:474 千字　印张:18.5
版次:2019 年 6 月第 1 版	印次:2021 年 3 月第 2 次印刷
印刷:湖北新华印务有限公司	
ISBN 978-7-5625-4199-8	定价:68.00 元

如有印装质量问题请与印刷厂联系调换